Untersuchungen über die Wasserrückkühlung in künstlich belüfteten Kühlwerken

Von

Friedrich Wolff

Berlin-Charlottenburg

Druck und Verlag von R. Oldenbourg, München und Berlin 1928

MEINEM VATER,

DEM MENSCHEN UND DEM INGENIEUR,

IN DANKBARKEIT GEWIDMET

Vorwort.

Die Versuche, über die die vorliegende Arbeit berichtet, sind im Maschinen-laboratorium der Technischen Hochschule Berlin-Charlottenburg ausgeführt worden. Sie sollen über den Wärmeaustausch, der im Rieseleinbau eines gegebenen Ventilator-kühlers zwischen Luft und Wasser stattfindet, Aufschluß geben und klarlegen, bis zu welchen Temperaturen hierbei eine Wasserrückkühlung unter den verschiedenartigsten Frischluft- und Warmwasserverhältnissen stattfindet.

Die Durchführung der umfangreichen Versuche wurde mir durch das gütige Ent-gegenkommen des Vorstehers des genannten Laboratoriums, Herrn Geh. Regierungs-rat Prof. E. Josse, wesentlich erleichtert, dem ich für die Zurverfügungstellung des für die Versuchseinrichtung erforderlichen Raumes und der für die Versuche nötigen Warmwassermengen zu großem Dank verpflichtet bin.

Ferner möchte ich nicht versäumen, auch bei dieser Gelegenheit der Firma Danneberg & Quandt, Berlin O 112 bestens für die freundliche Unterstützung zu danken, die sie meinen Arbeiten durch die leihweise Überlassung eines Niederdruck-ventilators zuteil werden ließ.

Berlin, den 10. Oktober 1927.

Friedrich Wolff.

Inhaltsverzeichnis.

Einleitung.

Theoretische Grundlagen der Wasserrückkühlung.

Dampfkraftbetriebe, die mit Kondensation arbeiten, sind bei Frischwassermangel auf eine Wiederverwendung des aus dem Kondensator kommenden warmen Wassers angewiesen. Sie brauchen hierzu besondere Wasserrückkühlvorrichtungen, denen das warme Wasser im allgemeinen oberhalb eines Latten- oder Rieseleinbaues durch eine Verteilvorrichtung zugeführt wird. Durch den Latteneinbau rieselt oder fällt es nach unten, wobei es fortlaufend fein zerteilt wird und die vorher im Kondensator aufgenommene Wärme an quer- oder gegenströmende Luft abgibt. Die Luftbewegung wird entweder durch natürlichen oder künstlichen Zug bewirkt. Im ersten Falle erhält das Kühlwerk über dem Rieseleinbau einen turmartigen Aufbau (Schacht), so daß die Luftströmung durch die Unterschiede der spezifischen Gewichte zwischen der Luft im Turminnern und der freien Atmosphäre zustande kommt. Man spricht dann von *selbstlüftenden Kaminkühlern* im Gegensatz zu den *Ventilatorkühlern*, bei denen der Turmaufbau wegfällt und die Luftbewegung künstlich erzeugt wird.

Der Wärmeaustausch, der in der Rieselvorrichtung eines Kühlwerks zwischen Wasser und Luft stattfindet, geht so vor sich, daß sich die Luft am warmen Wasser erwärmt und mit Feuchtigkeit sättigt, während das herabrieselnde Wasser sich abkühlt. Dabei verdunstet ein Teil des Wassers, der im Kreislauf einer Rückkühlanlage fortlaufend durch eine entsprechende Zusatzwassermenge ersetzt werden muß. Der geschilderte Wärmevorgang kommt am deutlichsten in der Wärmebilanz eines Kühlwerks zum Ausdruck. Bezeichnet

W kg/h   das Warmwassergewicht, das stündl. dem Kühler am oberen Ende des Rieseleinbaus zugeführt wird,

ϑ ⁰C   die Wassertemperatur,

L kg/h   das stdl. den Einbau durchströmende Reinluftgewicht,

i kcal/kg Reinluft   den auf 1 kg Reinluft bezogenen Wärmeinhalt der den Einbau durchströmenden feuchten Luft,

x kg/kg Reinluft   das auf 1 kg Reinluft bezogene Wasserdampfgewicht der den Einbau durchströmenden feuchten Luft,

W_0 kg/h   das stdl. erforderliche Zusatzwassergewicht (= dem Gewicht des stdl. verdunstenden Wassers),

Index 1:   Lufteintritt und Wasseraustritt,

Index 2:   Luftaustritt und Wassereintritt,

so werden dem Kühler stdl. (s. Abb. 1)

zugeführt: $W \cdot \vartheta_2 + L \cdot i_1$ kcal/h

und abgeführt: $(W - W_0) \cdot \vartheta_1 + L \cdot i_2$ kcal/h.

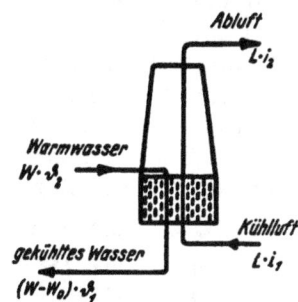

Abb. 1. Schema eines Kühlers.

Es läßt sich daher unter der Voraussetzung, daß die Wärmeableitung durch die Kühlerwände vernachlässigbar klein ist, die folgende Beziehung aufstellen:

$$L \cdot i_1 + W \cdot \vartheta_2 = L \cdot i_2 + (W - W_0) \cdot \vartheta_1 \quad \cdots \cdots \cdots \quad (1)$$

oder, da $W_0 = (x_2 - x_1) \cdot L$

$$W \cdot (\vartheta_2 - \vartheta_1) = L \cdot ((i_2 - i_1) - (x_2 - x_1) \cdot \vartheta_1) \quad \cdots \cdots \cdots \quad (2)$$

Der Rückkühlvorgang ist also verbunden mit einer Zustandsänderung der feuchten Kühlluft, die eine Zunahme ihrer Temperatur und ihres Feuchtigkeitsgehaltes erfährt. Feuchte Luft ist bekanntlich ein Gemisch aus trockener Luft und Wasserdampf. Das *Wasserdampfgewicht* x in feuchter Luft, bezogen auf 1 kg Reinluft, ist gleich dem Wasserdampfgewicht im zugehörigen Taupunkt und ergibt sich zu

$$x = v \cdot \gamma_D \text{ kg/kg Reinluft.}$$

Da in einem Gemisch alle Bestandteile gleiches Gesamtvolumen und gleiche Temperatur haben, so ergibt sich v aus der Zustandsgleichung für 1 kg Reinluft zu

$$v = \frac{R \cdot T}{h_L} = \frac{29{,}27 \cdot (273 + t)}{h_L \cdot \dfrac{10000}{735{,}6}} = 2{,}16 \, \frac{273 + t}{h - h_D},$$

wenn der Gesamtdruck h und die Teildrücke h_L und h_D der Luft in mm QS eingesetzt werden. Die absolute Feuchtigkeit im Taupunkt γ_D (in kg/m³ Gemisch) ergibt sich aus der Dampftabelle zur Temperatur im Taupunkt (t' °C). Bedeutet ferner:

$c_p \cong 0{,}24$ kcal/kg °C die spezifische Wärme der trockenen Luft bei konst. Druck,
t °C   die Lufttemperatur,
t' °C   die Temperatur im Taupunkt,
i'' kcal/kg den Wärmeinhalt des trockenen gesättigten Wasserdampfes bei t' °C,
$c_{pD} \cong 0{,}47$ kcal/kg °C die spezifische Wärme des Wasserdampfes bei konst. Druck,

so ist der *Wärmeinhalt* feuchter Luft, bez. auf 1 kg Reinluft,

$i =$ Wärmeinhalt von 1 kg Reinluft $+$ Wärmeinhalt des auf 1 kg Reinluft entfallenden Wasserdampfgewichtes,

$$i = 1 \cdot i_L + x \cdot i_D$$
$$= c_p \cdot t + x \cdot (i'' + c_{pD} \cdot (t - t')) \text{ kcal/kg Reinluft.}$$

Unter dem *Taupunkt* versteht man die Temperatur t' °C, bis zu der feuchte Luft abgekühlt werden muß, um ohne Wasserdampfaufnahme ihre Sättigung zu erreichen. Da bei der Abkühlung der Teildruck des Wasserdampfes in der feuchten Luft unverändert bleibt, ergibt sich t' als Sättigungstemperatur zu dem Teildruck des Dampfes bei t° C als Sättigungsdruck. Vom Taupunkt ist prinzipiell die *Kühlgrenze* zu unterscheiden, d. i. die Temperatur τ° C, die feuchte Luft erreicht, wenn sie sich bei konstantem Druck durch Wasserdampfaufnahme sättigt. Es handelt sich hier um einen sog. Verdunstungsvorgang, bei dem Wärme weder von außen zu- noch nach außen abgeführt wird und demnach der Wärmeinhalt des ganzen Systems konstant bleibt. Bezeichnet:

ϑ °C   die Wassertemperatur vor der Verdunstung,
t °C   die Temperatur der feuchten Luft vor der Verdunstung,
x kg/kg   Reinl. das Wasserdampfgewicht der feuchten Luft vor der Verdunstung,
i kcal/kg Reinl. den Wärmeinhalt der feuchten Luft vor der Verdunstung,

τ^0 C   die Temperatur der feuchten Luft nach der Verdunstung,

x_τ kg/kg Reinl. das Wasserdampfgewicht der feuchten Luft nach der Verdunstung,

i_τ kcal/kg Reinl. den Wärmeinhalt der feuchten Luft nach der Verdunstung

und ist vor Eintritt des Mischungsprozesses gerade die zur Sättigung der feuchten Luft erforderliche Wassermenge $(x_\tau - x)$ kg/kg Reinluft vorhanden, so ist

$$i + (x_\tau - x) \cdot \vartheta = i_\tau = 0{,}24 \cdot \tau + x_\tau \cdot i_\tau''$$

oder
$$i = i_\tau - (x_\tau - x) \cdot \vartheta.$$

Hieraus läßt sich τ^0 C berechnen. Es zeigt sich, daß auf den Wert der Kühlgrenze auch die Wassertemperatur ϑ^0 C Einfluß hat. Rechnerisch läßt sich aber feststellen, daß bei den praktisch in Frage kommenden Temperatur- und Feuchtigkeitsverhältnissen der Luft der Wert $(x_\tau - x) \cdot \vartheta$ vernachlässigt werden kann, ohne daß die Genauigkeit in für die Praxis erheblichen Grenzen leidet. Man kann also hier stets, unabhängig vom Wert ϑ, einen Vorgang bei gleichbleibendem Wärmeinhalt annehmen.

Die rechnerische Ermittlung von x und i ist, wie die vorstehenden Ausführungen zeigen, ziemlich langwierig und zeitraubend. Einfacher und in erheblich kürzerer Zeit können beide Größen einem neuen Diagramm für feuchte Luft entnommen werden, das ich im Zusammenhang mit diesen Untersuchungen entwickelt habe und der vorliegenden Arbeit im Anhang als Anlage 1 beifüge. Das neue Diagramm ist auf die für eine Untersuchung des Rückkühlbetriebes in Frage kommenden Rechnungen zugeschnitten und in diesem Sinne auf Temperaturen von —20 bis +55° C beschränkt, kann jedoch auf andere Temperaturen erweitert werden[1]). Es verwendet genau wie das von Mollier[2]) stammende Diagramm für feuchte Luft die Werte i als Abszissen und die Werte x als Ordinaten. Es gestattet aber im Gegensatz sowohl zu dem Mollierdiagramm als auch zu dem bekannten Schaubild für feuchte Luft von Schüle eine Ablesung von x und i für alle praktisch in Frage kommenden Barometerstände, so daß nicht nur jede langwierige Zahlenrechnung, sondern auch die Verwendung von mehreren der bisher üblichen Schaubilder, von denen jedes nur für einen einzigen Barometerstand gilt, überflüssig wird.

Zur Entwicklung des neuen Diagramms muß ich auf die bekannte, meines Wissens von Schüle stammende Methode der graphischen Ermittlung des Wasserdampfgewichtes pro kg Reinluft zurückgreifen. Schüle trägt die Wasserdampfgewichte pro kg Reinluft für gesättigte Luft über den Temperaturen als Abszissen auf, wobei sich für jeden Barometerstand eine besondere Kurve ergibt. Zur Ermittlung des Wasserdampfgewichtes in ungesättigter Luft fügt er an dieses Diagramm

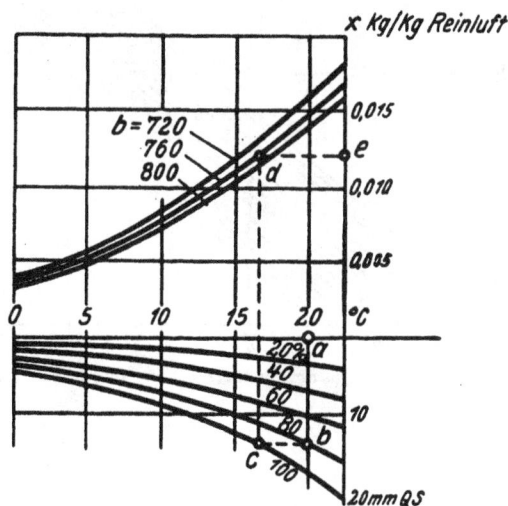

Abb. 2. Graphische Ermittlung des Wasserdampfgewichts in feuchter Luft.

---

[1]) Ein erweitertes Diagramm ist der Arbeit in einer Schleife auf dem rückwärtigen Umschlagblatt beigefügt.

[2]) Mollier, Ein neues Diagramm für Dampfluftgemische; Z. d. V. d. I. Bd. 67 (1923), S. 869.

4

ein zweites an, indem er die Teildrücke des Wasserdampfes unter den Temperaturen als Abszissen aufträgt (s. Abb. 2). Da das Wasserdampfgewicht in ungesättigter Luft laut Definition gleich dem Wasserdampfgewicht im zugehörigen Taupunkt ist, ergibt sich die graphische Ermittlung von x in der in Abb. 2 angedeuteten Weise.

Soll z. B. das Wasserdampfgewicht pro kg Reinluft für ungesättigte Luft von 20° C und 80% relativer Feuchtigkeit bei einem Barometerstand von 760 mm QS ermittelt werden, so geschieht dies auf dem in Abb. 2 eingezeichneten Wege a—b—c—d—e. Aus dieser Darstellung ist ohne weiteres ersichtlich, daß jedem Teildruck h_D des Wasserdampfes für einen bestimmten Barometerstand ein ganz bestimmtes Wasserdampfgewicht pro kg Reinluft entspricht. Es ist daher einfacher, an Stelle der in Abb. 2 gewählten Darstellung die x-Kurven direkt über den Teildrücken h_D aufzutragen, wie dies in Anlage 1 geschehen und zum leichteren Verständnis in Abb. 3 nochmals dargestellt ist. In Abb. 3 ist das neue Diagramm in 3 Einzelschaubilder a, b, c aufgelöst.

In Bild a sind die Teildrücke h_D des Wasserdampfes für verschiedene Sättigungsgrade φ in Abhängigkeit von der Temperatur t aufgetragen. In Bild b sind — diesmal in Funktion von den Teildrücken h_D — die Wasserdampfgewichte x eingezeichnet, wobei sich für jeden Barometerstand b eine Kurve ergibt.

Schließlich ist in Bild c eine Schar gerader Linien eingezeichnet, die den Wärmeinhalt i der feuchten Luft in Abhängigkeit von x zur Darstellung bringen und folgendermaßen entstanden sind. Der Wärmeinhalt feuchter Luft ist nach obigen Ausführungen:

$$i = c_p \cdot t + x (i'' + c_{pD} (t - t')) \text{ kcal/kg Reinluft.}$$

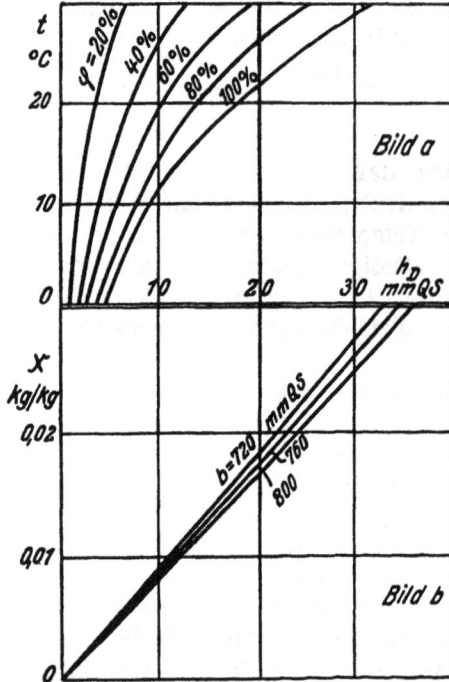

Abb. 3. Diagramm für feuchte Luft, aufgelöst in 3 Einzelschaubilder.

Mit $i'' = 595 + c_{pD} t'$ wird $i = c_p \cdot t + x (595 + c_{pD} t)$
$$= 595 x + (0,24 + 0,47 x) \cdot t.$$

Trägt man daher i in Abhängigkeit von x auf, so ergibt sich für jeden Wert t eine Wärmeinhaltskurve, und zwar sind alle i-Kurven gerade Linien.

Die 3 Einzelschaubilder a, b und c der Abb. 3 sind in der Anlage 1 und in verkleinertem Maßstabe in Abb. 3a zu einem Diagramm vereinigt. Dieses neue Diagramm gestattet also ohne weitere Rechnung die Ablesung:

1. der Temperatur im Taupunkt $t'\,^0$C (z. B. für $t = 20^0$ C, $\varphi = 80\%$ relative Feuchtigkeit auf dem in Abb. 3a eingezeichneten Wege a—b—c—d);

2. des Wasserdampfgewichtes x kg/kg Reinluft (z. B. für $t = 20^0$ C, $\varphi = 80\%$ relative Feuchtigkeit, $b = 770$ mm QS auf dem in Abb. 3a eingezeichneten Wege a—b—c—e—f—g);

3. des Wärmeinhaltes i kcal/kg Reinluft (z. B. für $t = 20^0$ C, $\varphi = 80\%$ relat. Feuchtigkeit, $b = 770$ mm QS auf dem in Abb. 3a eingezeichneten Wege a—b—c—e—f—h).

Des weiteren erlaubt das Diagramm die Ermittlung der relativen Feuchtigkeit φ der Luft aus den Versuchsangaben des trockenen und des feuchten Thermometers

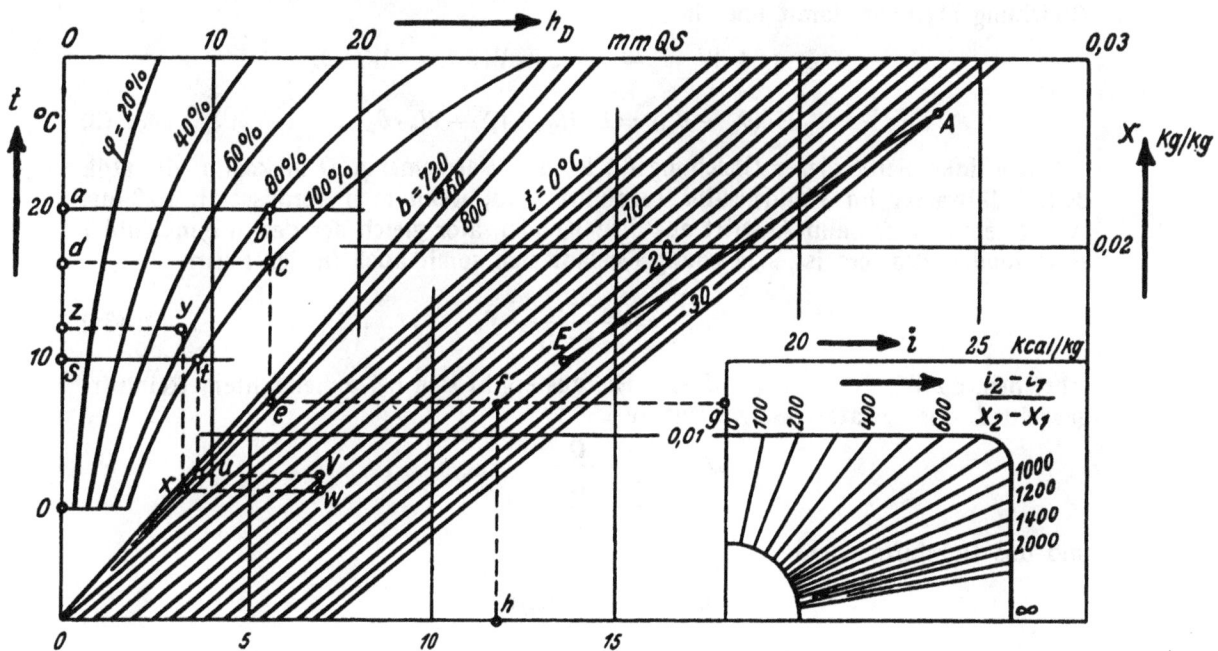

Abb. 3a. Diagramm für feuchte Luft.

sowie des Barometerstandes. Die Angabe des feuchten Thermometers ist identisch mit der Kühlgrenze. Die Messung mit dem feuchten Thermometer geschieht, indem die Kugel eines Thermometers mit einem feuchten Läppchen umwickelt und das Thermometer in diesem Zustande der zu untersuchenden Luft ausgesetzt wird. Die ungesättigte Luft nimmt dann beim Vorbeistreichen Wasserdampf auf, wodurch dem Wasser Wärme entzogen wird und die Temperatur unter die von einem trockenen Thermometer angezeigte sinkt. Es handelt sich also bei der feuchten Thermometermessung um einen Verdunstungsvorgang, d. h. nach obigem um einen Vorgang bei gleichbleibendem Wärmeinhalt. Bezeichnet

t^0 C die Angabe des trockenen und
τ^0 C die Angabe des feuchten Thermometers,

so ist demnach

$$i = i_\tau.$$

Die Ermittlung der relativen Feuchtigkeit φ der Luft ergibt sich dementsprechend für $t = 12^0$ C, $\tau = 10^0$ C, $b = 760$ mm QS auf dem in Abb. 3a eingezeichneten Wege s—t—u—v—w—x—y—z. Die Linie v—w ist die Kurve konstanten Wärmeinhaltes.

Bei Beurteilung des im Kühlereinbau stattfindenden Wärmeaustausches an Hand der Wärmebilanz gestattet das neu entwickelte Diagramm, genau wie das Molliierdiagramm noch eine weitere Rechnungsvereinfachung. Die Wärmebilanz Gleichung (1) kann durch die folgenden Überlegungen etwas umgeformt werden. Dem stdl. aus dem Kühler austretenden Wassergewicht $(W - W_0)$ kg/h muß nach obigen Ausführungen zur Ermöglichung eines fortgesetzten Kreislaufs im Rückkühlbetrieb ein Wassergewicht W_0 kg/h zugesetzt werden. Hat das Zusatzwasser eine Temperatur ϑ_0^0 C und das aus rückgekühltem Wasser und Zusatzwasser bestehende Mischwasser eine Temperatur ϑ_m^0 C, so ist

$$(W - W_0)\,\vartheta_1 + W_0 \cdot \vartheta_0 = W \cdot \vartheta_m$$

Gleichung (1) geht damit über in

$$L \cdot i_1 + W \cdot \vartheta_2 = L \cdot i_2 + W \cdot \vartheta_m - W_0 \cdot \vartheta_0$$

oder

$$W \cdot (\vartheta_2 - \vartheta_m) = L \cdot (i_2 - i_1) - W_0 \cdot \vartheta_0 \quad \ldots \ldots \ldots \quad (3)$$

Die linke Seite dieser Gleichung (3) ist die Wärmemenge Q in kcal/h, die stdl. dem Kühlwasser im Kondensator zugeführt wird, wenn man voraussetzt, daß die Wassertemperatur beim Austritt aus dem Kondensator gleich der des in den Kühler eintretenden Wassers ist. Gleichung (3) läßt sich somit auch in der Form

$$\frac{Q}{W_0} = \frac{i_2 - i_1}{x_2 - x_1}\,\vartheta_0 \quad \ldots \ldots \ldots \ldots \ldots \quad (3a)$$

schreiben, da $W_0 = (x_2 - x_1) \cdot L$ ist. Hieraus ergibt sich bei unbekanntem Reinluftgewicht L das Zusatzwassergewicht zu

$$W_0 = \frac{Q}{\dfrac{i_2 - i_1}{x_2 - x_1} - \vartheta_0}\ \text{kg/h}$$

und das Reinluftgewicht zu

$$L = \frac{W_0}{x_2 - x_1}\ \text{kg/h},$$

wenn die Wärmezufuhr Q kcal/h im Kondensator, die Zusatzwassertemperatur ϑ_0^0 C und der Zustand der eintretenden und der austretenden Kühlluft bekannt sind. Die Zusatzwassertemperatur ϑ_0^0 C ist im übrigen so klein gegenüber $\dfrac{i_2 - i_1}{x_2 - x_1}$, daß man mit hinreichender Genauigkeit schreiben kann

$$W_0 = \frac{Q}{\dfrac{i_2 - i_1}{x_2 - x_1}}\cdot$$

Die Darstellung des neuen Diagramms ermöglicht nun eine direkte Ablesung des Nenners $(i_2 - i_1) : (x_2 - x_1)$ aus der Neigung der Verbindungsgeraden der Punkte (i_1, x_1) und (i_2, x_2), indem der Wert dieser Neigung dem rechts unten befindlichen kleinen Hilfsdiagramm entnommen werden kann (z. B. ist die Neigung der Verbindungsgeraden der Punkte A und E in Abb. 3a aus dem Hilfsdiagramm zu 780 kcal/kg abzulesen).

Abschnitt I.

Untersuchungen über den Wärmeaustausch im Rieseleinbau eines Ventilatorkühlers.

a) Grundgesetze des Wärmeaustausches im Kühlwerk.

Die Untersuchungen, die den Gegenstand dieses Abschnittes bilden, erfordern zunächst eine Klarlegung der in Frage kommenden Grundbegriffe und Gesetze. Im folgenden soll daher auf die Natur des Wärmeaustausches im Rieseleinbau eines Kühlwerkes näher eingegangen werden. Die Kühlwirkung kommt nach früheren Ausführungen einmal durch *Erwärmung* (d. h. Temperaturzunahme) der Kühlluft und zweitens durch *Verdunstung* (d. h. Zunahme des Feuchtigkeitsgehaltes der Luft) zustande.

Die Erwärmung der Kühlluft ist ein reiner Wärmeübergangsvorgang. Die Wärme geht in Richtung des Temperaturgefälles vom heißeren Wasser auf die kältere Luft über, und zwar ist an jeder Stelle des Einbaus der Betrag der übergehenden Wärme proportional der Temperaturdifferenz und der Berührungsoberfläche zwischen Wasser und Luft. Bei dem nach dem Gegenstromprinzip arbeitenden Ventilatorkühler kann vorausgesetzt werden, daß sowohl die Lufttemperatur als auch die Wassertemperatur in jeder Höhenlage des Einbaus im gesamten horizontal gelegten Turmquerschnitt F einen bestimmten konstanten Wert haben und daß die Luft den Querschnitt F an allen Stellen mit gleicher Geschwindigkeit durchströmt. Beträgt die Lufttemperatur im Abstand h (in m) von der Lufteintrittsöffnung, in Richtung der Luftbewegung gemessen, t^0 C und betrachtet man in diesem Abstand den senkrecht zur Luftströmung gelegenen Turmquerschnitt F (in m²), durch den stdl. L kg Reinluft fließen, so besitzt die Luft an dieser Stelle einen Wärmeinhalt

$$i = L \cdot c_p' \cdot t \text{ kcal/h.}$$

Hierin ist c_p' die auf 1 kg Reinluft bezogene spez. Wärme der feuchten Luft. Im Abstand $h + dh$ (m) von der Lufteintrittsöffnung, d. h. nach Fortbewegung der Luft um dh (m), nimmt die Lufttemperatur durch den Wärmeübergang vom Wasser an die Luft um dt^0 C zu, so daß die Luft jetzt einen Wärmeinhalt

$$i + di = L \cdot c_p' \cdot (t + dt) \text{ kcal/h}$$

besitzt. Auf dem Wege dh findet also eine Wärmeinhaltszunahme um den Betrag $di = L \cdot c_p' \cdot dt$ kcal/h statt. Beträgt die Wassertemperatur ϑ^0 C, so ist nach obiger Ausführung di proportional $(\vartheta - t)^0$ C und der Berührungsoberfläche dF_b zwischen Wasser und Luft, die der Fortbewegung der den Querschnitt F durchströmenden Luft um dh entspricht. Somit ergibt sich

$$di = L \cdot c_p' \cdot dt = \alpha \cdot dF_b (\vartheta - t) \ldots \ldots \ldots \quad (4)$$

α ist die sog. *Wärmeübergangszahl*, deren Dimension sich zu kcal/m² $\cdot h \cdot {}^0$ C ergibt. Integriert man über die ganze Einbauhöhe h, so ergibt sich

$$L \cdot c'_{pm} \cdot (t_2 - t_1) = \alpha \cdot F_b \cdot (\vartheta_m - t_m) \ldots \ldots \ldots \quad (5)$$

wobei

$$\vartheta_m - t_m = \frac{1}{h} \int\limits_0^h (\vartheta - t)\, dh \ \text{ist.}$$

F_b ist die gesamte Berührungsoberfläche zwischen Wasser und Luft. Bezeichnet f_b die Berührungsoberfläche zwischen Wasser und Luft in m²/m³ Einbauvolumen (mit Rieseleinbau versehenes Turmvolumen), so wird

$$f_b = \frac{F_b}{F \cdot h}.$$

und Gleichung (5) geht über in

$$L \cdot c'_{pm} \cdot (t_2 - t_1) = \alpha \cdot f_b \cdot F \cdot h \cdot (\vartheta_m - t_m) \ \ldots \ldots \ldots \ldots \quad (6)$$

$F \cdot h$ ist das mit Rieseleinbau versehene Turmvolumen. c'_{pm} ist die mittlere spez. Wärme der feuchten Luft, die mit hinreichender Genauigkeit stets gleich 0,25 kcal/kg · °C gesetzt werden kann. Aus Gleichung (5) entsteht dann ohne weiteres

$$\alpha \cdot F_b = L \cdot c'_{pm} \cdot \frac{t_2 - t_1}{\vartheta_m - t_m} \ \ldots \ldots \ldots \ldots \ldots \quad (5a)$$

aus Gleichung (6) entsteht entsprechend

$$\alpha \cdot f_b = \frac{L \cdot c'_{pm}}{F \cdot h} \cdot \frac{t_2 - t_1}{\vartheta_m - t_m} \ \ldots \ldots \ldots \ldots \ldots \quad (6a)$$

Da weder F_b noch f_b rechnerisch erfaßt werden können, ist nur die Ermittlung von αF_b bzw. αf_b möglich.

Die Zunahme des Wasserdampfgehaltes der Kühlluft ist ein Diffusionsvorgang, der in Richtung des Druckgefälles vom Wasser in die Luft stattfindet. Der Betrag des diffundierenden Wasserdampfes ist proportional der Differenz zwischen dem Dampfdruck, der der Wassertemperatur $\vartheta°$ C entspricht, und dem Teildruck des Wasserdampfes in der Luft. Betrachtet man wieder einen senkrecht zur Luftströmung gelegenen Turmquerschnitt F, dessen Abstand von der Lufteintrittsöffnung, in der Luftbewegungsrichtung gemessen, h (m) beträgt und durch den stdl. L kg Reinluft fließen, bezeichnet man weiter das Wasserdampfgewicht pro kg Reinluft an der betrachteten Stelle mit x, so ergibt sich das gesamte Wasserdampfgewicht im Querschnitt F zu

$$w = L \cdot x \ \text{kg/h.}$$

Bei der Fortbewegung des Luftgewichtes L um dh nimmt w durch Diffusion um dw zu, wobei

$$dw = L \cdot dx \ \text{kg/h.}$$

Bedeutet $\mathfrak{h}_\vartheta$ den zur Wassertemperatur ϑ gehörigen Sättigungsdampfdruck, ist ferner der Teildruck des Wasserdampfes in der Luft mit h_D gegeben, so wird

$$L \cdot dx = k_v \cdot dF_b (\mathfrak{h}_\vartheta - h_D) \ \ldots \ldots \ldots \ldots \ldots \quad (7)$$

worin der Proportionalitätsfaktor k_v die sog. *Diffusionszahl* in kg : (m² · h · kg/m²) darstellt. Gleichung (7) läßt sich durch folgende Überlegungen in eine Näherungsform überführen. Ist der Gesamtdruck des Gemisches von Luft- und Wasserdampf $h = h_L + h_D$, so sind die Raumteile von Luft und Wasserdampf

$$v_L = \frac{h_L}{h} \ \text{bzw.}$$

$$v_D = \frac{h_D}{h},$$

woraus sich durch Division

$$\frac{v_L}{v_D} = \frac{h_L}{h_D}$$

und damit weiter

$$h_D = h - h_L$$
$$= h - h_D \frac{v_L}{v_D}$$
$$= \frac{h}{1 + \frac{v_L}{v_D}}$$
$$= h \frac{v_D}{v_D + v_L}$$
$$= h \frac{\frac{x}{18}}{\frac{x}{18} + \frac{1}{29}}$$

ergibt.

Ebenso ist

$$\mathfrak{h}_\vartheta = h \cdot \frac{\frac{x''}{18}}{\frac{x''}{18} + \frac{1}{29}},$$

wobei x'' das Wasserdampfgewicht pro kg Reinluft bedeutet, das dem Sättigungs-Dampfdruck $\mathfrak{h}_\vartheta$ und der Wassertemperatur ϑ entspricht. Damit wird

$$\mathfrak{h}_\vartheta - h_D = h \cdot \left(\frac{\frac{x''}{18}}{\frac{x''}{18} + \frac{1}{29}} - \frac{\frac{x}{18}}{\frac{x}{18} + \frac{1}{29}} \right).$$

Bei den im Rückkühlbetrieb in Frage kommenden verhältnismäßig niedrigen Temperaturen sind x'' und x sehr klein, dementsprechend sind $\frac{x''}{18}$ und $\frac{x}{18}$ im Nenner vernachlässigbar klein gegenüber $\frac{1}{29}$, so daß man mit hinreichender Genauigkeit schreiben kann

$$\mathfrak{h}_\vartheta - h_D = h \cdot \left(\frac{\frac{x''}{18}}{\frac{1}{29}} - \frac{\frac{x}{18}}{\frac{1}{29}} \right) = \frac{29}{18} h (x'' - x).$$

Die Ableitung zeigt, daß $(\mathfrak{h}_\vartheta - h_D)$ proportional $(x'' - x)$ ist. Setzt man also in Gleichung (7) $(x'' - x)$ an Stelle von $(\mathfrak{h}_\vartheta - h_D)$, so geht der Proportionalitätsfaktor dieser Gleichung in eine neue *Diffusionszahl* über

$$k = \frac{29}{18} h \cdot k_v = \varkappa \cdot k_v,$$

während Gleichung (7) in der Form erscheint

$$L \cdot dx = k \cdot dF_b \cdot (x'' - x) \quad \ldots \ldots \ldots \ldots \ldots \quad (7a)$$

k hat die Dimension kg/m² · h · kg/kg.

Integriert man über die ganze Einbauhöhe h, so ergibt sich

$$L \cdot (x_2 - x_1) = k \cdot F_b \cdot (x''_m - x_m) \quad \ldots \ldots \ldots \ldots \quad (8)$$

wobei $x''_m - x_m = \dfrac{1}{h} \cdot \displaystyle\int_0^h (x'' - x) \cdot dh$ ist.

Aus Gleichung (8) ergibt sich ähnlich wie früher

$$k \cdot F_b = L \cdot \frac{x_2 - x_1}{x''_m - x_m} \quad \ldots \ldots \ldots \ldots \ldots \quad (8a)$$

oder

$$k \cdot f_b = \frac{L \cdot (x_2 - x_1)}{F \cdot h \cdot (x''_m - x_m)} \quad \ldots \ldots \ldots \ldots \quad (8b)$$

da $F_b = f_b \cdot F \cdot h$.

Weil, wie bereits oben bemerkt, weder F_b noch f_b rechnerisch erfaßbar sind, ist nur die Ermittlung von $k \cdot F_b$ bzw. $k \cdot f_b$ möglich.

Der Grund zur Umformung der Gleichung (7) in die Gleichung (7a) ist im folgenden zu suchen. Ein amerikanischer Forscher Lewis[1] hat bei der theoretischen Untersuchung der Wärmeaustauschverhältnisse, die sich in einem Kanal abspielen, in dem Luft über ruhendes Wasser hinströmt, gefunden, daß der Quotient aus Wärmeübergangszahl a und Diffusionszahl k gleich der spezifischen Wärme des Dampfluftgemisches ist, in das hinein die Verdunstung erfolgt, d. h. $\dfrac{a}{k} = c_p'$.

Die Voraussetzungen, unter denen er diese Ableitung durchführt, bestehen in der Annahme, daß die Kanalwandungen wärmedicht sind, daß innerhalb des Wassers kein Wärmeaustausch stattfindet und daß das an der Oberfläche verdunstende Wasser durch von unten nachströmendes Wasser von der gleichen Oberflächentemperatur ersetzt wird. Die genaue Durchführung der Ableitung kann in dem genannten Artikel und in der Forschungsarbeit von Dr.-Ing. Merkel[2] nachgelesen werden, so daß ihre Wiedergabe hier überflüssig wird.

In einem Kühler liegen die Verhältnisse gegenüber der Betrachtungsweise von Lewis nun insofern grundsätzlich anders, als hier nicht mehr in Ruhe befindliches, sondern bewegtes Wasser in Frage kommt. Ob die ermittelte Beziehung von $\dfrac{a}{k} = c_p'$ also auch hier Gültigkeit hat, muß erst durch Versuche geprüft werden.

b) Theorie und Versuche von Merkel.

Im Zusammenhang mit den vorstehenden Ausführungen sei zunächst auf die Theorie und die Versuche von Dr.-Ing. Merkel[2] eingegangen. Die Merkelsche Theorie setzt die Gültigkeit der Beziehung $\dfrac{a}{k} = c_p'$ auch für die „Verdunstungskühlung" voraus und sagt:

1. In einem Kühler gehen im Oberflächenelement dF_b stdl. vom Wasser an die Luft über

   A. eine Wärmemenge $dQ_L = a \cdot (\vartheta - t) \cdot dF_b$ durch Wärmeleitung und Konvektion,

   B. eine Wärmemenge $dQ_W = r \cdot k \cdot (x'' - x) \cdot dF_b$ durch Verdunstung.

---

[1] Lewis, The evaporation of a liquid into a gaz, Mechanical Engineering, 1922, S. 445.
[2] Dr.-Ing. Merkel, Verdunstungskühlung, Forschungsarbeiten auf dem Gebiete des Ingenieurwesens, Heft 275.

2. Diese übergehenden Wärmemengen dQ_L und dQ_w haben einen Temperaturabfall des Wassers um $d\vartheta$ zur Folge, so daß $dQ = dQ_L + dQ_w = W \cdot d\vartheta$ ist, d. h.

$$W \cdot d\vartheta = a \cdot (\vartheta - t) \cdot dF_b + r \cdot k \cdot (x'' - x)\, dF_b.$$

Gilt, wie von Merkel angenommen, die Beziehung $\dfrac{a}{k} = c_p{}'$, so wird

$$W \cdot d\vartheta = k \cdot (c_p{}'\,(\vartheta - t) + r\,(x'' - x)) \cdot dF_b$$
$$= k \cdot (c_p{}'\vartheta + r \cdot x'' - [c_p{}' \cdot t + r \cdot x]) \cdot dF_b.$$

Mit sehr großer Annäherung ist

$$c_p{}' \cdot \vartheta + r \cdot x'' = c_p{}'\vartheta + 595 \cdot x'' = i''$$
$$c_p{}' \cdot t + r \cdot x = c_p{}' \cdot t + 595 \cdot x = i,$$

wobei i'' der Wärmeinhalt gesättigter Luft von der Wassertemperatur ϑ^0 C und i der Wärmeinhalt der Luft von der Temperatur t^0 C und dem Wasserdampfgehalt x kg/kg Reinluft sind.

Die obige Gleichung geht also über in die Form

$$W \cdot d\vartheta = k \cdot (i'' - i) \cdot dF_b \quad \dots\dots\dots\dots \quad (9)$$

Diese Gleichung benutzt Merkel als Ausgangspunkt für die Berechnung und Beurteilung von Kühlwerken. Seine Theorie steht und fällt also nach obigen Ausführungen mit der Gültigkeit der von Lewis für ruhendes Wasser aufgestellten Beziehung $\dfrac{a}{k} = c_p{}'$ für die Wasserrückkühlung. Merkel hat daher weitgehende Untersuchungen zum Zwecke einer experimentellen Nachprüfung seiner Theorie an einem kleinen Versuchskühler im Maschinenlaboratorium der Techn. Hochschule Dresden ausgeführt. Über diese ausgezeichneten Versuche berichtet er eingehend in seiner Forschungsarbeit.

Ziel der Versuche ist zunächst die Ermittlung der Produkte $a \cdot F_b$ und $k \cdot F_b$, aus denen sich dann die gesuchte Beziehung

$$\frac{a}{k} = \frac{a \cdot F_b}{k \cdot F_b}$$

ergibt. Die zur Ermittlung von Wärmeübergangs- und Verdunstungszahl notwendige Integration der Gleichungen (5a) und (8a) führt Merkel unter Annahme linearen Verlaufs der Temperaturen von Wasser und Luft und der Wasserdampfgehalte im Einbau durch. Er ersetzt dementsprechend die in Gleichung (5a) auftretende Differenz $\vartheta_m - t_m$ durch den Ausdruck $\dfrac{\vartheta_2 + \vartheta_1}{2} - \dfrac{t_2 + t_1}{2}$; ebenso die in Gleichung (8a) befindliche Differenz $x''_m - x_m$ in erster Annäherung durch $\dfrac{x_1'' + x_2''}{2} - \dfrac{x_1 + x_2}{2}$. Da der Sättigungswassergehalt x'' nicht der Temperatur ϑ verhältnisgleich ist, sondern mit wachsender Temperatur immer rascher ansteigt, führt Merkel unter Annahme linearen Verlaufs der Wassertemperatur eine zweite bessere Näherung

$$x''_m = \frac{1}{\vartheta_2 - \vartheta_1} \cdot \int_{\vartheta_1}^{\vartheta_2} x'' \cdot d\vartheta \quad \text{ein.}$$

Die Merkelschen Versuche ergeben nun für die Beziehung $\dfrac{a}{k}$ Werte, die in jedem Fall über dem für $c_p{}'$ im Mittel in Frage kommenden Wert 0,25 kcal/kg^0 C liegen und zwischen 0,354 und 0,887 (s. Zahlentafel 11—14 der Merkelschen Forschungsarbeit) bei Berücksichtigung der besseren Näherungsrechnung 2, ja sogar zwischen 0,358 und

1,419 bei Berücksichtigung der Näherungsrechnung 1 schwanken. Diese Ergebnisse differieren also untereinander in so weiten Grenzen, daß es nicht zulässig erscheint, hieraus die Gültigkeit der Lewisschen Theorie für die Wasserrückkühlung in Kühlwerken abzuleiten.

c) Eigene Versuche zur Merkelschen Theorie.

Wie die Merkelschen Versuchsergebnisse zeigen, weisen die groben Näherungsrechnungen 1 größere Unterschiede der ermittelten Werte $\frac{\alpha}{k}$ auf als die besseren Näherungsrechnungen 2. Es liegt daher die Vermutung nahe, daß die auftretenden Differenzen davon herrühren, daß die Versuchsdaten nur nach Näherungsverfahren ausgewertet werden konnten. Da Merkel Luft- und Wasserzustand nur am Ein- und Austritt der beiden Medien in den Versuchskühler untersucht hat, ergeben seine Versuche kein Bild über den Verlauf von Wasser- und Luftzustand im Kühlwerkseinbau. Es bleibt in diesem Falle also nur die Möglichkeit einer näherungsweisen Integration der Gleichungen (5a) und (8a), die Merkel unter Annahme linearen Verlaufs der Temperaturen beider Medien und der Wasserdampfgehalte ausgeführt hat, wie dies im vorigen Abschnitt kurz besprochen ist. Da diese Näherungsverfahren nicht zu der gewünschten Bestätigung der Gültigkeit der Lewisschen Theorie für die Wasserrückkühlung führen, bleibt demnach nur die Untersuchung übrig, ob bei Verfolgung von Luft- und Wasserzustand im Einbau und dementsprechend bei dann möglicher genauer Integration an Stelle der Näherungsverfahren die Anwendbarkeit der Beziehung $\frac{\alpha}{k} = c_p'$ auf die Vorgänge in Kühlwerken sich ergibt. Diese Untersuchung habe ich an einem Versuchskühler im Maschinenlaboratorium der Techn. Hochschule Berlin-Charlottenburg vorgenommen.

Über die dabei verwendete Versuchsanordnung und Ausführung ist folgendes zu berichten. Die gesamte Versuchseinrichtung, die in der schematischen Abb. 4

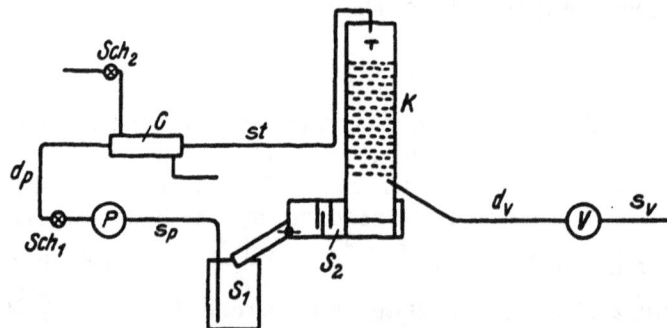

Abb. 4. Schematische Darstellung der Versuchs-Rückkühlanlage im Maschinenlaboratorium der T. H. Berlin.

dargestellt ist, besteht aus einem Versuchskühler K, einem Ventilator V, einer Rotationspumpe P, den dazugehörigen Antriebsmotoren, dem Kondensator C, den Wassersammelbehältern S_1 und S_2 sowie den erforderlichen Rohrleitungen.

Die Schleuderpumpe P saugte das kalte Wasser aus dem Sammelbehälter S_1 durch die Saugleitung s_p an und drückte es durch die Druckleitung d_p und den Kondensator C, in dem es auf die den jeweiligen Versuchserfordernissen entsprechende Temperatur erwärmt wurde, in die Steigleitung st, aus der es am oberen Ende des Kühlers K in diesen austrat. Durch den Kühlwerkseinbau rieselte das Wasser herab und gelangte so in den Sammelbehälter S_2, aus dem es durch geeichte Öffnungen in den Behälter S_1 zurückfloß, um von dort seinen Kreislauf erneut zu beginnen.

Die Luftbewegung wurde künstlich erzeugt. Der Niederdruckventilator V saugte die Luft durch die Saugleitung s_v an, die zu möglichst weitgehender Variation der Kühlluftverhältnisse bald in den Maschinenraum, bald durch ein Fenster ins Freie führte, und drückte sie durch die Druckleitung d_v in den Kühler K, den sie an seinem oberen Ende verließ.

Die zur Wasserförderung verwendete Pumpe P wurde von einem Gleichstromnebenschlußmotor angetrieben, wobei die Einregulierung der jeweils gewünschten Wassermenge mit einem in die Druckleitung d_p eingebauten Schieber Sch_1 erfolgte. Die Wasseranwärmung im Kondensator C wurde durch die Kondensation bestimmter Dampfmengen bewirkt, die — den Versuchsbedürfnissen entsprechend — mit einem Schieber Sch_2 eingestellt wurden.

Der Kühler war aus Holz nach der im Anhang als Anlage 2 beigegebenen Zeichnung hergestellt, sein lichter Querschnitt betrug $F = 0,553$ m², die Einbauhöhe $h = 3,85$ m. Die Zerteilung des an seinem oberen Ende zufließenden warmen Wassers erfolgte mit einem Spritzteller, den mir die Firma Balcke A.-G. Bochum (Büro Berlin) für die Durchführung der vorliegenden Versuche freundlichst zur Verfügung stellte. Die Zahl der Lattenlagen im Kühler betrug 12 bei einer Entfernung von 350 mm zwischen je 2 Lagen, von denen abwechselnd die eine hochgestellte und die folgende flachgelegte Latten besaß. Die Einzelheiten der Lattenanordnungen sind einem Schaubild zu entnehmen, das dieser Arbeit im Anhang als Anlage 3 beigegeben ist und einen Längs- und einen Querschnitt durch 2 Lattenlagen zur Darstellung bringt. Die Luftzuführung wurde so ausgebildet, daß die Druckleitung d_v durch eine kreisrunde Öffnung in der Kühlerwand direkt in den Kühler eingeführt wurde. Oberhalb dieser Eintrittsöffnung wurde im Kühler ein Schutzblech angeordnet, um zu verhindern, daß herabfallende Wassertropfen in die Ventilatordruckleitung d_v gelangen. Damit die Luftzufuhr ausschließlich durch den Ventilator erfolgte und keine Luft durch natürlichen Zug am unteren Ende des Kühlers in diesen eintreten konnte, erhielt er an der genannten Stelle einen Wasserabschluß, indem er in den Kaltwassersammelbehälter S_2 gestellt wurde.

Der zur Luftförderung verwendete Ventilator wurde von einem Gleichstromnebenschlußmotor angetrieben. Die Einstellung der jeweils gewünschten Luftmenge erfolgte durch Änderung der Drehzahl des Antriebsmotors mit Hilfe eines Regulierwiderstandes oder, wenn dies nicht möglich war, durch Abdeckung eines Teiles der Öffnung der Saugleitung s_v.

Über die angewendeten Meßmethoden ist folgendes zu berichten.

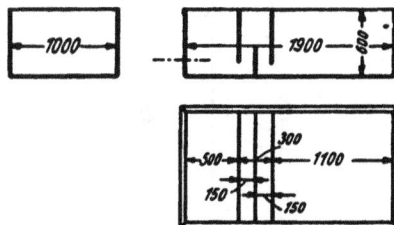

Abb. 5. Darstellung des Sammelbehälters S_2.　　　Abb. 6. Eichanlage für den Behälter S_2.

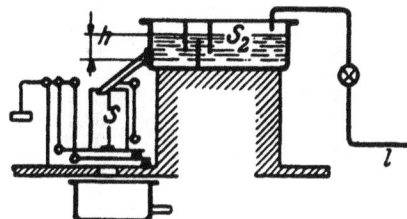

Die Bestimmung des umlaufenden Wassergewichtes erfolgte mit Hilfe eines Sammelbehälters S_2, der zu diesem Zweck kreisrunde auswechselbare Öffnungen o und besondere Bleche zur Beruhigung des Wassers vor seinem Austritt, wie in Abb. 5

angedeutet, erhielt. Verwendet wurden kreisrunde Öffnungen von $d = 15$, 20, 25, 30 mm Durchmesser, die in besonderen Vorversuchen im Maschinenlaboratorium der Techn. Hochschule geeicht wurden. Das Schema dieser Eichversuchsanlage ist in Abb. 6 dargestellt. Der Behälter S_2 wurde auf Böcke gestellt und erhielt das jeweils in Frage kommende Wassergewicht W kg/h durch die Leitung 1 zugeführt, wobei W durch einen Schieber in der Leitung 1 variiert wurde. Da bei einem bestimmten Mündungsdurchmesser d eine bestimmte Stauhöhe h von Mitte Ausflußöffnung bis Wasserspiegel gemessen, ein Maß für das ausfließende Wassergewicht W liefert,

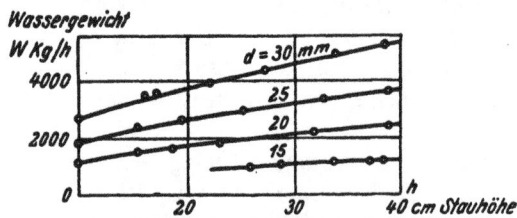

Abb. 7. Eichkurven der Wasserausflußöffnungen.

wurde bei jeder einzelnen Wassergewichtszufuhr die Einstellung der entsprechenden konstanten Stauhöhe abgewartet und dann die Stauhöhe und das in einer bestimmten Zeit ausfließende Wassergewicht gemessen. Zur Messung des Wassergewichtes wurde unterhalb des Behälters S_2 auf einer Wage ein Behälter S aufgestellt, in den das aus S_2 ausfließende Wasser fiel und dort abgewogen wurde, während gleichzeitig die dem betr. Ausflußgewicht entsprechende Ausflußzeit mit einer Stoppuhr festgestellt wurde. Die Ergebnisse dieser Eichversuche enthält Abb. 7 und Zahlentafel 1.

Zahlentafel 1.

Eichung der Wasserausflußöffnungen des Sammelbehälters S_2.

Lfd. Nr.	Mündungs-durchmesser	Stauhöhe	Gewogenes Wassergewicht	Ausflußzeit	stündlich ausfließendes Wassergewicht
	mm	cm	kg	sec	kg/h
1		38,25	50	150	1200
2		37,15	50	152,2	1182
3	15	33,60	30	96	1125
4		28,60	20	70	1029
5		25,75	20	73,6	979
6		38,8		77	2340
7		31,7		82	2195
8	20	23	50	96,5	1865
9		18,5		110,5	1629
10		15,3		120,5	1491
11		39	100	98	3675
12		32,65	50	54	3335
13	25	25	50	61	2950
14		19,5	50	69	2610
15		15,5	50	77	2340
16		38,5	100	69	5220
17		33,8	100	73,4	4910
18	30	27,35	100	81,5	4420
19		21,9	100	91,2	3950
20		17,1	100	102	3525
21		16,15	100	105	3425

Im Kreislauf einer Rückkühlanlage gibt die Wassergewichtsbestimmung auf die geschilderte Art insofern eine kleine Ungenauigkeit, als das so bestimmte Wassergewicht nicht das gesamte umlaufende, sondern nur das Wassergewicht darstellt, das nach Abzug des verdunstenden Wassers übrigbleibt, d. h. $W - W_0$ kg/h. Der an und für sich geringe Fehler kann aber durch Zuzählung des gesondert feststellbaren Gewichtes $W_0 = L \cdot (x_2 - x_1)$ ausgemerzt werden.

Die Luftmengenmessung erfolgte mit einem in die Ventilatordruckleitung eingebauten Staurand, wobei die Druckentnahme einmal vor dem Staurand (zweimal Rohrdurchmesser vom Staurand entfernt) und zweitens an der Stelle des engsten Strahlquerschnittes erfolgte. Der Staurand ist bekanntlich eine Öffnung in ebener Wand von geringer Stärke und mit scharfer Kante auf der dem Strom entgegengerichteten Seite. Beträgt der Druckunterschied vor und hinter der Verengung $h = p_1 - p_2$ mm WS oder kg/m² und ist das spezifische Volumen vor der Verengung $v = 1/\gamma$, so beträgt die durch Druckabnahme in Strömungsenergie umgesetzte Arbeit bei Vernachlässigung der Zuflußgeschwindigkeit

$$A = \frac{w^2}{2g} = (p_1 - p_2) \cdot v = h \cdot v \ \text{mkg/kg}.$$

Die theoretische Ausflußgeschwindigkeit ist demnach

$$w = \sqrt{2gA} = \sqrt{\frac{2gh}{\gamma}} \ \text{m/sec}.$$

Bei einem Querschnitt f der Verengung ist die Durchflußmenge theoretisch

$$V_{th} = f \cdot \sqrt{\frac{2gh}{\gamma}} \ \text{m}^3\text{/sec}$$

und in Wirklichkeit

$$V = k \cdot f \cdot \sqrt{\frac{2gh}{\gamma}} \ \text{m}^3\text{/sec,}$$

wo k eine Ausflußzahl bedeutet, die die Kontraktion, die Zuflußgeschwindigkeit und den Stoßverlust hinter der Verengung berücksichtigt. Bei der gewählten Art der Druckentnahme ist $k = \dfrac{\mu}{\sqrt{1 - m^2 \mu^2}}$, wobei bedeuten:

$m = f : F = d^2 : D^2 = $ Öffnungsquerschnitt : Rohrquerschnitt,

$\mu < 1$ die Kontraktionsziffer für Luft (die Werte von μ sind in Abb. 8 in Abhängigkeit von m aufgetragen).

Die Werte $k = f(m, \mu)$ sind gleichfalls in Abb. 8 eingezeichnet. Für den vorliegenden Fall, in dem der Öffnungsquerschnitt

$f = \dfrac{\pi}{4} \cdot 0,205^2 = 0,033$ m² und der Rohrquerschnitt

$F = \dfrac{\pi}{4} \cdot 0,25^2 = 0,0492$ m² beträgt, wird

$$m = f : F = 0,671$$
$$\sqrt{m} = d : D = 0,82$$
$$\mu = 0,75$$
$$k = 0,87$$

und

$$V = 0,87 \cdot 0,033 \cdot \sqrt{2g} \cdot \sqrt{\frac{h}{\gamma}} = 0,1265 \cdot \sqrt{\frac{h}{\gamma}} \ \text{m}^3\text{/sec.}$$

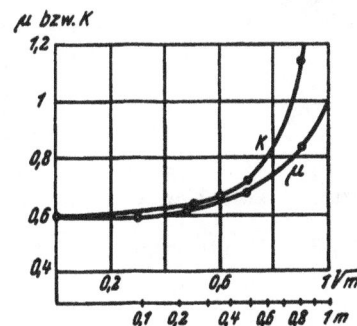

Abb. 8. Kontraktions- und Ausflußziffer von Luft für Staurandmessungen nach Brandis.

Demnach ergibt sich das stdl. in den Kühler eintretende Gewicht feuchter Luft zu:

$$G = 3600 \cdot V \cdot \gamma = 3600 \cdot 0,1265 \cdot \sqrt{h \cdot \gamma} = 455 \cdot \sqrt{h \cdot \gamma} \ \text{kg/h}$$

16

und das stdl. Reinluftgewicht zu

$$L = G : (1 + x) \text{ kg/h.}$$

Zur Ermittlung des Temperaturverlaufes von Wasser und Luft sowie des Verlaufs der Wasserdampfgehalte im Einbau wurde der Zustand der beiden Medien nicht nur bei ihrem Ein- und Austritt in den Kühler, sondern auch zwischendurch an mehreren Stellen meßtechnisch verfolgt. Um eine möglichst genaue Messung der Wassertemperaturen zu erhalten, die den im Mittel in der betreffenden Einbauhöhe herrschenden Temperaturwert angibt, wurden in den Kühler Fangschalen nach Abb. 9 eingebaut. Diese Fangschalen bestanden aus 2 miteinander verschweißten Rohrhälften a und b von verschiedener lichter Weite, so daß zwischen a und b ein Raum entstand, der als Isolierschicht gegen die von unten her an den Fangschalen vorbeistreichende Luft diente. Aus der oberen Schale a lief das Wasser, das dort aufgefangen wurde, durch ein eingeschweißtes Rohr c, ein T-Stück d, ein Kniestück e und weiter durch die Rohrverbindung f in den Kühler zurück, um jeden Wasserverlust zu vermeiden. Das Rohr c besaß an seiner Unterseite Bohrungen zum Eintritt des Wassers in die Meßvorrichtung. In d war das Thermometer Th eingesetzt. In der geschilderten Art wurde die Wassertemperatur ϑ^0 C an mehreren Stellen festgestellt, und zwar in 0 m, 1,2 m, 2,25 m, 3,65 m Höhe über der Lufteintrittsöffnung ($\vartheta_{h=0}$, $\vartheta_{h=1,2}$, $\vartheta_{h=2,25}$, $\vartheta_{h=3,65}$). Später wurden die Meßstellen 1,2 und 2,25 durch eine Meßstelle in 1,5 m Höhe über der Lufteintrittsöffnung ($\vartheta_{h=1,5}$) ersetzt. Die Temperatur des zulaufenden warmen Wassers (mit $\vartheta_{h=5}$ bezeichnet) wurde im Steigrohr st der Anlage kurz vor dem Eintritt in den Versuchskühler gemessen.

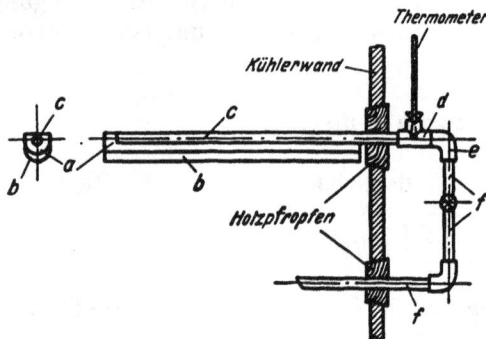

Abb. 9. Einrichtung zur Wassertemperaturmessung im Kühlereinbau.

Die meßtechnische Beobachtung des Luftzustandes im Einbau erforderte je zwei Messungen, einmal die Ermittlung der trockenen und zweitens die der feuchten Lufttemperatur. Die Ausführung der Messungen erhellt aus der schematischen Abb. 10. Um auch hier den in der jeweils untersuchten Einbauhöhe herrschenden Temperaturmittelwert zu erhalten, wurde ein Rohr r in den Kühler eingeführt, das an seiner Unterseite Bohrungen besaß, durch die die Luft in die Meßvorrichtung eintreten konnte. Gegen eine Beeinflussung der Messungen durch das von oben herabfallende Wasser war über dem Rohr r eine Rohrhälfte s von größerer lichter Weite angebracht, so daß kein Wasser an r gelangen konnte, vielmehr r von einer isolierenden Luftschicht allseitig umgeben war. Da der Überdruck im Kühler nicht ausreichte, um die Luft in die Meßeinrichtung zu drücken, wurde sie mit Hilfe eines kleinen Rotationsgebläses durch

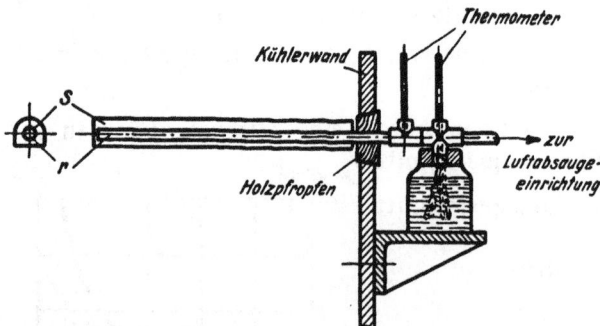

Abb. 10. Einrichtung zur Lufttemperaturmessung im Kühlereinbau.

die Meßvorrichtungen hindurch abgesaugt. Der hierbei in bezug auf die Luftgewichts-
messung gemachte Fehler ist in Anbetracht der an und für sich kleinen und durch
die Widerstände in den Meßeinrichtungen noch verringerten Förderleistung der Absauge-
einrichtung vernachlässigbar klein. Die abgesaugte Luft strich hintereinander an den
Quecksilberkugeln eines trockenen und eines feuchten Thermometers, wie in Abb. 10
angedeutet, vorbei. Diese Messungen wurden ausgeführt in 1,2 m, 2,25 m, 3,65 m
Höhe über der Lufteintrittsöffnung ($t_{h=1,2}$ und $\tau_{h=1,2}$; $t_{h=2,25}$ und $\tau_{h=2,25}$; $t_{h=3,65}$
und $\tau_{h=3,65}$). Die trockene und die feuchte Temperatur der Luft wurden außerdem
gemessen:

1. vor dem Staurand (t_{st} und τ_{st}, benötigt zur Luftgewichtsbestimmung);
2. hinter dem Staurand, aber vor Eintritt in den Kühler (zur Bestimmung des
   Frischluftzustandes) ($t_{h=0}$ und $\tau_{h=0}$);
3. am oberen Einbauende (Luftaustritt aus dem Kühler) durch direktes Ein-
   hängen eines trockenen und eines feuchten Thermometers ($t_{h=5}$ und $\tau_{h=5}$).

Da mir in der Mehrzahl nur Thermometer mit Gradeinteilung zur Verfügung
standen, wurden alle Thermometerablesungen auf halbe bzw. ganze $^\circ$C abgerundet.
Sämtliche Thermometer wurden in besonderen Vorversuchen geeicht. Die dabei
erzielten Eichkorrekturwerte sind in den Versuchsangaben bereits berücksichtigt.

Der Barometerstand wurde an einem Quecksilberbarometer abgelesen und nach
der Formel

$$b_0 = b - \frac{1}{8} t_R,$$

wo t_R die Raumtemperatur in $^\circ$C bedeutet, auf 0°C reduziert.

Die Versuche wurden bei einem Wassergewicht $W = 3600$ kg/h in der Weise
durchgeführt, daß zunächst das Wassergewicht $W = 3600$ kg/h und ein bestimmtes
Luftgewicht eingestellt wurden, danach eine bestimmte Warmwassertemperatur.
Bei Erreichung des Beharrungszustandes, der sich im allgemeinen schon nach $\frac{1}{2}$—$\frac{3}{4}$ h
ergab, wurden die erforderlichen Ablesungen gemacht; nach 5 Minuten folgte bei
unveränderten Verhältnissen eine zweite Ablesungsreihe, nach 10 Minuten eine dritte.
Die Ergebnisse der 3 Ablesungsreihen wurden gemittelt. Hierauf wurde bei unver-
ändertem Wasser- und Luftgewicht nur die Warmwassertemperatur geändert, nach
Erreichung des neuen Beharrungszustandes folgten wieder 3 Ablesungsreihen usw.
Die nächste Variation betraf dann erst das Luftgewicht, wobei sich derselbe Versuchsgang wiederholte usf. Eine weitere Veränderung der Versuchsbedingungen —
die Variation des Frischluftzustandes — wurde in der gleichen Weise untersucht.
Die Ablesungen sind in den Zahlentafeln 2—4 enthalten, die Auswertungsergebnisse
in den Zahlentafeln 5—7. Über den Verlauf der Temperaturen der beiden Medien
berichten die im Anhang als Anlage 4 beigefügten Kurventafeln 1—3. Die Werte
$\vartheta_m - t_m$ und $x''_m - x_m$ wurden aus den Kurven $\vartheta - t = f(h)$ und $x'' - x = f(h)$
(s. Anhang, Anlage 5, Kurventafeln 4—6) ermittelt, wobei die Planimetrierung der
Diagrammflächen mit Hilfe der Simpsonschen Regel erfolgte.

Sämtliche Rechnungen wurden mit einem 25 cm langen Rechenschieber durchgeführt. Die Wasserdampfgewichte x kg/kg Reinluft wurden auf die in der Einleitung
geschilderte Art aus dem im Anhang als Anlage 1 beigegebenen Diagramm für feuchte
Luft abgelesen. In den Zahlen- und Kurventafeln bedeuten

$w = W : F$ kg/m^{2}h das stdl. durch 1 m^2 des Kühlerquerschnittes F fließende
Wassergewicht;

$l = L : F$ kg/m^{2}h das stdl. durch 1 m^2 des Kühlerquerschnittes F fließende
Reinluftgewicht.

Zahlentafel 2.

Versuchsergebnisse bei $w = 6510\,\text{kg/m}^2\text{h}$ und $l = 9040\,\text{kg/m}^2\text{h}$.

Verlauf der Luft- und Wassertemperaturen im Einbau.

Nr.		Trockene und feuchte Lufttemperaturen in h m Höhe über der Lufteintrittsöffnung t bzw. τ °C $= f(h)$						Wassertemperatur ϑ in h m Höhe über der Lufteintrittsöffnung ϑ °C $= f(h)$					
	h	0	1,2	2,25	3,65	5	h	0	1,2	1,5	2,25	3,65	5 m
1	t	7,5	17,5	21		26,5	ϑ	23,5	27,5		30,5	42	47
	τ	7,5	17,5	21,5		24							
2	t	8	16,5	21		24,5	ϑ	22	25		27,5	39	43
	τ	8	16,5	20,5		23							
3	t	7,5	14,5	19,5		21	ϑ	20,5	22,5		23,5	34,5	36,5
	τ	7,5	15	18,5		21							
4	t	7	12,5	16,5		19	ϑ	18	18,5		20	27	29,5
	τ	7	12,5	15,5		20							
5	t	22	26,5	26,5	34	33,5	ϑ	35		37		40,5	49
	τ	20,5	25,5	25	31	34							
6	t	21	24	25	31	28,5	ϑ	31		32,5		34,5	39,5
	τ	19,5	23	24	29	29							
7	t	20,5	23	23	28,5	25,5	ϑ	27		28,5		29	32
	τ	19	22	23	27	25,5							
8	t	18	23,5	25	32,5	31,5	ϑ	33		36		41	50
	τ	17	23	23,5	30	33							
9	t	18	21,5	23	28	27	ϑ	29		31		34	40
	τ	17	20	22	26,5	27,5							
10	t	17	19	20	23,5	22,5	ϑ	24		26		26,5	31
	τ	16	18	20	23	22,5							

Zahlentafel 3.

Versuchsergebnisse bei $w = 6510\,\text{kg/m}^2\text{h}$ und $l = 6060\,\text{kg/m}^2\text{h}$.

Verlauf der Luft- und Wassertemperaturen im Einbau.

Nr.		Trockene und feuchte Lufttemperaturen in h m Höhe über der Lufteintrittsöffnung t bzw. τ °C $= f(h)$						Wassertemperaturen ϑ in h m Höhe über der Lufteintrittsöffnung ϑ °C $= f(h)$					
	h	0	1,2	2,25	3,65	5	h	0	1,2	1,5	2,25	3,65	5 m
11	t	7	13,5	18		21,5	ϑ	21	20,5		21,5	27	30
	τ	7	14	17		21,5							
12	t	8	15,5	19,5		24,5	ϑ	23,5	22		24	32	37
	τ	8	16	19		24							
13	t	8	17,5	21,5		28	ϑ	24	25		26,5	36	41
	τ	8	18	21		26							
14	t	21	27,5	28	37	38,5	ϑ	37		38		43	51,5
	τ	19	26,5	27	33	37,5							
15	t	21	25	26	32	30,5	ϑ	31		32		35,5	40
	τ	19	24	25	30	31							
16	t	21	23	23	28	26,5	ϑ	27		28,5		29,5	32
	τ	19	22	23	26,5	26,5							
17	t	18	24,5	26,5	34,5	34	ϑ	35		36,5		40,5	48
	τ	17	24	25	31	34,5							
18	t	17	22	23,5	29	28,5	ϑ	29		30,5		33	38
	τ	16	21	22,5	27	28,5							
19	t	17	20	22	25,5	24	ϑ	25,5		26,5		27,5	31
	τ	16	19	21	25	23,5							

Zahlentafel 4.

Versuchsergebnisse bei $w = 6510$ kg/m²h und $l = 3440$ kg/m²h.

Verlauf der Luft- und Wassertemperaturen im Einbau.

Nr.		Trockene und feuchte Lufttemperaturen in h m Höhe über der Lufteintrittsöffnung t bzw. τ °C $= f(h)$						Wassertemperaturen ϑ in h m Höhe über der Lufteintrittsöffnung ϑ °C $= f(h)$					
	h	0	1,2	2,25	3,65	5	h	0	1,2	1,5	2,25	3,65	5 m
20	t	10	17,5	21,5		23	ϑ	22	23		25	29,5	30
	τ	10	17,5	21,5		22							
21	t	11	20,5	24,5	26,5	28	ϑ	24,5	25,5		29	36	37
	τ	11	20	24,5	22	26							
22	t	12	22,5	27	30	32	ϑ	28	28		32	40	41,5
	τ	12	22,5	27	25	30							
23	t	13	25	29	33	36	ϑ	31	32		34,5	44	48
	τ	13	24,5	29	27	34,5							
24	t	21	29	31	39	39	ϑ	38		39		44,5	50
	τ	19,5	28	29	33,5	39,5							
25	t	21	26,5	27,5	34	33	ϑ	34		35,5		38	41
	τ	19,5	25	25,5	31	33,5							
26	t	19,5	22,5	23,5	28	26,5	ϑ	27	28			29	30
	τ	18	21,5	23	26,5	26,5							
27	t	19,5	25	27	33,5	35,5	ϑ	36		35,5		39	44,5
	τ	18,5	24	25,5	29	35							
28	t	18	22	24	28	27	ϑ	27		28,5		29	31
	τ	17	21	23	27	26,5							

Zahlentafel 5.

Auswertungsergebnisse bei $w = 6510$ kg/m²h und $l = 9040$ kg/m²h.

a) Verlauf der Luft- und Wassertemperaturen im Einbau.

(Ermittelt aus den Kurven $t = f(h)$; $\tau = f(h)$ und $\vartheta = f(h)$ im Anhang, Anlage 4, Kurventafel 1.)

Nr.	Barometerstand, auf 0° C red. b_o mm QS		t °C $= f(h)$; τ °C $= f(h)$; ϑ °C $= f(h)$						Nr.	Barometerstand, auf 0° C red. b_o mm QS		t °C $= f(h)$; τ °C $= f(h)$; ϑ °C $= f(h)$					
		h	0	1	2	3	4	5			h	0	1	2	3	4	5
1	765	t	7,5	14,5	20	23,5	26	28	6	763,5	t	21	24	26	28	29	30
		τ	7,5	14	18,5	22,5	25	27			τ	19,5	22,5	25	27	28	29
		ϑ	25,5	27,5	30,5	34,5	40	47			ϑ	31	31,5	32,5	34	36,5	39,5
2	765	t	8	14	18,5	22	24,5	26	7	763,5	t	20,5	22,5	24,5	25,5	26,5	27
		τ	8	13,5	17,5	21	23,5	25,5			τ	19	21,5	23,5	25	26	26,5
		ϑ	24	26	28,5	32	36,5	43			ϑ	27	27,5	28,5	29,5	30,5	32
3	765	t	7,5	12,5	16,5	19,5	21,5	22,5	8	757,5	t	18	22,5	26	28,5	30,5	32
		τ	7,5	12,5	16,5	19	21	22			τ	17	21,5	25,5	28	30	31
		ϑ	22,5	24	26	28,5	32	36,5			ϑ	33	34,5	36,5	39,5	44	50
4	765	t	7	11,5	14,5	17,5	19	20	9	757,5	t	18	21,5	24	25,5	26,5	27,5
		τ	7	11,5	14,5	17	18,5	19,5			τ	17	20,5	23	24,5	26	27
		ϑ	19	20	21,5	23,5	26	29,5			ϑ	29,5	30	31	33,5	36	40
5	763,5	t	22	26	28,5	30,5	32	33	10·	757,5	t	17	19	20,5	21,5	22	22,5
		τ	20,5	24,5	27,5	29,5	31	32			τ	16	18	20	21	22	22,5
		ϑ	34,5	35,5	37,5	40	44	49			ϑ	24,5	25	25,5	26,5	28,5	31

b) Verlauf der Wasserdampfgewichte x

(aus b_0 mm QS, t und τ °C) und x'' (aus b_0 mm QS
und ϑ °C) im Einbau.

Nr.	h	0	1	2	3	4	5
				$x = f(h)$ und $x'' = f(h)$ in g/kg Reinluft			
1	x	6,5	9,9	12,6	16,8	19,8	22,4
	x''	20,7	23,5	27,9	35,05	48,3	71,6
2	x	6,65	9,6	12,1	15,2	17,9	20,5
	x''	18,8	21,4	25	30,2	39,4	57,2
3	x	6,4	9,2	11,7	13,5	15,5	16,6
	x''	17,3	18,8	21,4	25	30,2	39,4
4	x	6,2	8,55	10,4	12	13	14
	x''	13,6	14,7	16,2	18,3	21,4	26,4
5	x	14,4	18,7	23,2	26	28,4	30
	x''	35,1	37,3	42	48,5	60,7	81,1
6	x	13,5	16,7	19,7	22,4	24	25,25
	x''	28,8	29,7	31,4	34,1	39,5	47
7	x	13,2	15,8	18	20	21,3	21,9
	x''	22,8	23,5	25	26,6	28,1	30,5
8	x	11,9	16	20,7	24,3	27,3	28,8
	x''	32,5	35,4	39,9	47,4	61,2	86,6
9	x	11,9	14,9	17,5	19,2	21,4	22,7
	x''	26,7	27,5	29,1	33,3	38,8	48,8
10	x	11,1	12,5	14,55	15,6	16,9	17,5
	x''	19,6	20,3	20,9	22,2	25,2	29,1

c) Ermittlung des Quotienten $\dfrac{\alpha}{k}$

(Die Differenzen $\vartheta_m - t_m$ und $x''_m - x_m$ wurden aus den
Kurven $\vartheta - t = f(h)$ und $x'' - x = f(h)$ der Kurventafel 4[1])
ermittelt.)

Nr.	$\vartheta_m - t_m$ °C	$t_2 - t_1$ °C	$\alpha \cdot f_b$ $\dfrac{\text{kcal}}{\text{m}^3\text{h}°\text{C}}$	$x''_m - x_m$ g/kg	$x_2 - x_1$ g/kg	$k \cdot f_b$ $\dfrac{\text{kg}}{\text{m}^3\text{h}\frac{\text{kg}}{\text{kg}}}$	$\dfrac{\alpha}{k}$ kcal/kg °C
1	13,1	20,5	708	21	16	1380	0,513
2	12,1	18	673	16,6	13,85	1510	0,445
3	10,9	15	623	12,1	10,2	1523	0,408
4	7,9	13	744	7,1	7,8	1990	0,374
5	10,7	11	465	25	15,6	1130	0,411
6	7,5	9	543	13,6	11,75	1562	0,347
7	4,5	6,5	654	7,2	8,7	2185	0,299
8	12,6	14	503	26,3	16,9	1162	0,432
9	8,8	9,5	489	14,9	10,8	1310	0,373
10	6	3,5	415	7,5	6,4	1525	0,272

[1]) Siehe Anhang, Anlage 5.

Zahlentafel 6.

Auswertungsergebnisse bei $w = 6510$ kg/m² h **und** $l = 6060$ kg/m² h.

a) Verlauf der Luft- und Wassertemperaturen im Einbau.

(Ermittelt aus den Kurven $t = f(h)$; $\tau = f(h)$ und $\vartheta = f(h)$ im Anhang, Anlage 4, Kurventafel 2).

Nr.	Barometer-stand, auf 0° C red. b_0	$t°C = f(h)$; $\tau °C = f(h)$; $\vartheta °C = f(h)$					
	mm QS	h	0	1	2	3	4	5
11	759,5	t	7	11,5	16	19	21,5	22,5
		τ	7	12	16	19	20,5	22
		ϑ	20	21	22	24	26,5	30
12	759,5	t	8	13,5	18	21,5	24	25,5
		τ	8	14	18	21	23,5	25
		ϑ	23	24	25,5	28	31,5	37
13	759,5	t	8	15	20,5	24	27	29
		τ	8	14,5	19,5	23	26	28
		ϑ	24,5	26	28	31,5	35,5	41
14	763,5	t	21	26	30	33	35	36
		τ	19	24,5	28,5	32	34	35,5
		ϑ	36	37,5	39,5	42	46	51,5
15	763,5	t	21	24,5	27	29	30	30,5
		τ	19	22,5	26	28	29,5	30
		ϑ	31	32	33	34,5	37	40
16	763,5	t	21	23	24,5	25,5	26	26,5
		τ	19	21,5	23,5	24,5	25,5	26
		ϑ	27	27,5	28	29	30	32
17	756,5	t	18	23,5	27	30	32,5	34
		τ	17	22	25,5	28,5	31	33
		ϑ	34	35,5	37,5	40	43,5	48
18	756,5	t	17	20,5	24	26	27,5	28,5
		τ	16	20	23,5	25,5	26,5	27,5
		ϑ	28,5	29,5	30,5	32,5	35	38
19	756,5	t	17	19,5	22	23,5	24	25
		τ	16	19	21,5	23	24	24,5
		ϑ	25	25,5	26	27	28,5	31

b) Verlauf der Wasserdampfgewichte x

(aus b_0 mm QS, t und τ °C) und x'' (aus b_0 mm QS und ϑ °C) im Einbau.

Nr.		$x = f(h)$ und $x'' = f(h)$ in g/kg Reinluft					
	h	0	1	2	3	4	5
11	x	6,25	9	11,4	13,7	14,8	16,6
	x''	14,75	15,65	16,7	19	22,1	27,5
12	x	6,7	10,2	12,9	15,5	18,2	20
	x''	17,8	19	20,8	24,3	29,8	40,8
13	x	6,7	10,2	13,7	17,4	21,1	24
	x''	19,6	21,5	24,3	29,8	37,4	51,5
14	x	12,9	18,8	24,5	30	33,8	37
	x''	38,4	42	47,1	54,3	68	94
15	x	12,9	16,5	21,1	23,9	26,15	27,1
	x''	28,9	30,5	32,3	35,2	40,7	48,5
16	x	12,9	15,6	17,9	18,9	20,5	21,3
	x''	22,75	23,5	24,2	25,7	27,3	30,5
17	x	11,85	16,4	20,1	24,7	28,5	32
	x''	34,5	37,1	42,4	49	59,5	77,1
18	x	11,15	14,7	18	20,7	21,9	23,45
	x''	25,3	26,7	28,3	31,7	36,5	43,6
19	x	11,15	13,6	16	17,7	19,1	19
	x''	20,4	20,9	21,7	23	25,3	29,1

c) Ermittlung des Quotienten $\frac{a}{k}$.

(Die Differenzen $\vartheta_m - t_m$ und $x''_m - x_m$ wurden aus den Kurven $\vartheta - t = f(h)$ und $x'' - x = f(h)$ der Kurventafel 5 [s. Anhang, Anlage 5] ermittelt.)

Nr.	$\vartheta_m - t_m$ °C	$t_2 - t_1$ °C	$a \cdot f_b$ kcal m³ h °C	$x''_m - x_m$ g/kg	$x_2 - x_1$ g/kg	$k \cdot f_b$ kg m³h $\frac{kg}{kg}$	$\frac{a}{k}$ kcal kg °C
11	6,93	15,5	679	6,4	10,35	1961	0,346
12	8,72	17,5	609	10,2	13,3	1581	0,385
13	9,6	21	663	13,45	17,3	1560	0,425
14	11,08	15	411	28,28	24,1	1065	0,386
15	7,1	9,5	406	13,6	14,2	1267	0,321
16	4,1	5,5	407	7,5	8,4	1360	0,299
17	11,45	16	424	26,1	20,15	935	0,454
18	7,8	11,5	447	12,9	12,3	1157	0,387
19	4,8	8	505	6,3	8,35	1610	0,314

Zahlentafel 7.

Auswertungsergebnisse bei $w = 6510$ kg/m²h und $l = 3440$ kg/m²h.

a) Verlauf der Luft- und Wassertemperaturen im Einbau

(ermittelt aus den Kurven $t = f(h)$; $\tau = f(h)$ und $\vartheta = f(h)$ im Anhang, Anlage 4, Kurventafel 3).

Nr.	Barometer-stand, auf 0° C red. b_o mm QS		t °C $= f(h)$; τ °C $= f(h)$; ϑ °C $= f(h)$					
		h	0	1	2	3	4	5
20	765	t	10	15,5	19	22	23,5	24,5
		τ	10	15	18,5	21,5	23	24
		ϑ	23,5	24	24,5	26	28	30
21	765	t	11	17,5	22	25,5	28	29,5
		τ	11	17	21	24	26	27,5
		ϑ	27	27,5	29	31	34	37
22	765	t	12	19,5	25,5	29	32	33,5
		τ	12	19	24	27	30	31,5
		ϑ	30,5	31	32,5	34,5	37,5	41,5
23	765	t	13	21,5	28	32,5	35,5	37
		τ	13	20	25	29	32	34
		ϑ	34,5	35	36,5	39,5	42,5	48
24	763,5	t	21	27,5	32	35,5	38	39
		τ	19,5	25,5	30	33,5	36	37
		ϑ	38,5	39	40	42,5	46	50
25	763,5	t	21	25,4	28	30	32	33
		τ	19,5	24	26,5	29	30,5	31
		ϑ	34,5	35	35,5	36,5	38,5	41
26	763,5	t	19,5	22	24	25	26	26,5
		τ	18	21	23,5	24,5	25,5	26
		ϑ	27	27,25	27,5	28	29	30
27	756	t	19,5	24	28	31	33	34
		τ	18,5	23,5	27	29,5	31	32
		ϑ	35,5	35,75	36,5	38,5	41	44,5
28	756	t	18	21,5	24	26	27,5	28
		τ	17	20,5	23,5	25,5	26,5	27
		ϑ	27	27,25	27,5	28,5	29,5	31

b) Verlauf der Wasserdampfgewichte x

(aus b_0 mm QS, t und τ °C) und x'' (aus b_0 mm QS und ϑ °C) im Einbau.

Nr.	$x = f(h)$ und $x'' = f(h)$ in g/kg Reinluft						
	h	0	1	2	3	4	5
20	x	7,6	10,4	13	15,8	17,5	18,7
	x''	18,3	18,85	19,4	21,4	24,1	27,2
21	x	8,2	12	15,2	18,2	20,6	22,7
	x''	22,7	23,45	25,6	28,8	34	40,6
22	x	8,75	13,5	18,2	22	26,7	28,9
	x''	28	28,8	31,2	35,1	41,8	52,6
23	x	9,35	14	18,9	24,1	29	32,8
	x''	35,1	36,1	39,45	46,9	55,7	76,2
24	x	13,6	20	26,3	32,3	37,5	39,8
	x''	44,45	45,7	48,5	55,8	67,8	85,8
25	x	13,6	18,2	21,4	25,2	27,4	29
	x''	35,1	36,1	37,25	39,5	44,45	51,25
26	x	12,15	15,2	18	19,1	20,3	21,3
	x''	22,7	23	23,4	24,1	25,6	27,2
27	x	13	18,3	22,6	26,1	28,4	29,9
	x''	37,6	38,2	40	45	51,8	63,2
28	x	11,8	14,9	28;25	20,7	21,8	22,6
	x''	23,1	23,4	23,8	25,3	26,8	29,15

c) Ermittlung des Quotienten $\frac{\alpha}{k}$.

(Die Differenzen $\vartheta_m - t_m$ und $x''_m - x_m$ wurden aus den Kurven $\vartheta - t = f(h)$ und $x'' - x = f(h)$ der Kurventafel 6 [s. Anhang, Anlage 5] ermittelt.)

Nr.	$\vartheta_m - t_m$	$t_2 - t_1$	$\alpha \cdot f_b$	$x''_m - x_m$	$x_2 - x_1$	$k \cdot f_b$	$\frac{\alpha}{k}$
	°C	°C	$\frac{\text{kcal}}{\text{m}^3\text{h}^\circ\text{C}}$	g/kg	g/kg	$\frac{\text{kg}}{\text{m}^3\text{h}\,\frac{\text{kg}}{\text{kg}}}$	$\frac{\text{kcal}}{\text{kg}^\circ\text{C}}$
20	6,43	14,5	388	7,27	11,1	1052	0,369
21	7,95	18,5	400	12,2	14,5	818	0,489
22	8,4	21,5	440	15,5	20,15	895	0,491
23	10	24	413	24,6	23,45	657	0,63
24	9,6	18	322	27,5	26,2	657	0,49
25	8,2	12	252	17,05	15,4	622	0,405
26	3,95	7	305	6,03	9,15	1045	0,292
27	9,6	14,5	260	21,3	16,9	547	0,475
28	3,9	10	440	6,4	10,8	1162	0,378

Die Untersuchungen zeigen, daß selbst bei genauer Integration der Gleichungen (5a) und (8a) die ermittelten Werte a/k stets über dem Wert für c_p' liegen und Schwankungen von 0,272 bis 0,63 unterworfen sind. Es treten also auch hier noch Differenzen von über 100% auf, so daß diese Ergebnisse nicht als Beweis für die Gültigkeit der Lewisschen Theorie für den Wärmeaustausch bei der Rückkühlung anerkannt werden können. Damit fallen aber auch die Folgerungen, die Merkel aus der Annahme $\frac{\alpha}{k} = c_p'$ gezogen hat.

Abschnitt II.

Untersuchungen über die Gesetzmäßigkeit des Wasserrückkühlvorganges in einem künstlich belüfteten Kühlwerk.

a) Grundlegende Betrachtungen.

Die Betrachtungen über den Wärmeaustausch in einem Kühlwerk führen, wie die obigen Ausführungen zeigen, nicht zu brauchbaren Ergebnissen. Es soll daher in diesem Abschnitt versucht werden, auf einem grundsätzlich anderen Wege die Gesetzmäßigkeit des Wasserrückkühlvorganges in einem Ventilatorkühler zu erforschen[1]).

Das warme Wasser tritt in das Kühlwerk mit einer bestimmten Temperatur ϑ_2^0 C ein, die seinen Wert in wärmetechnischer Hinsicht, d. h. seinen Wärmeinhalt eindeutig festlegt. Die kalte Luft tritt mit einem Wärmeinhalt in den Kühler ein, der, wenn man die geringen Einflüsse des Barometerstandes vernachlässigt, durch die Temperatur t_1^0 C und die relative Feuchtigkeit $\varphi_1\%$ oder aber an Stelle dieser beiden Werte allein durch die feuchte Temperatur τ_1^0 C gegeben ist. Es liegt daher nahe, die beiden Temperaturen ϑ_2 und τ_1 als Ausgangspunkt einer weiteren Untersuchung zu wählen, und zwar um so mehr, als ja die feuchte Lufttemperatur gleichzeitig die Grenze darstellt, bis zu der das warme Wasser im Kühlwerk überhaupt theoretisch rückgekühlt werden kann. Letzteres trifft allerdings nur näherungsweise zu, da ja im Rückkühlbetrieb die Verhältnisse so liegen, daß mehr Wasser vorhanden ist, als zur Sättigung der Luft erforderlich wäre. In diesem Falle findet neben dem reinen Verdunstungsvorgang ein Wärmeaustausch zwischen Luft, Dampf und Wasser statt derart, daß das Gemisch aus den genannten 3 Medien einem Gleichgewichtszustand zustrebt, bei dem alle Teile gleiche Temperatur haben und die Luft gesättigt ist. Diese Temperatur sei τ_g, der Wärmeinhalt der Luft ist dann i_g kcal/kg Reinluft, das Wasserdampfgewicht x_g'' kg/kg Reinluft. Sind je kg Reinluft w kg Wasser von ϑ_1^0 C vorhanden, so ist der Wärmeinhalt des Systems vor der Verdunstung (Zustand 1)

$$i_1 + w \cdot \vartheta_1$$

und nach der Verdunstung (Zustand 2)

$$i_g + w \cdot \tau_g - (x_g'' - x_1)\, \tau_g.$$

---

[1]) Die Wasserrückkühlung in selbstlüftenden Kaminkühlern ist bereits von Dr.-Ing. Geibel untersucht worden (s. Forschungsarbeiten auf dem Gebiete des Ingenieurwesens, Heft 242).

Der Betrag $(x_g'' - x_1) \cdot \tau_g$ ist vernachlässigbar klein sowohl gegenüber der Summe $i_g + w \cdot \tau_g$ als auch gegenüber jedem einzelnen der beiden Summanden, so daß mit hinreichender Genauigkeit geschrieben werden kann

$$i_1 + w \cdot \vartheta_1 = i_g + w \cdot \tau_g$$

oder

$$i_1 = i_g + w \, (\tau_g - \vartheta_1).$$

Im Rückkühlbetrieb wird der angestrebte Gleichgewichtszustand infolge der Bewegung der Medien nicht erreicht. Die Temperatur ϑ_1 des Wassers ist also stets größer als die Temperatur des angestrebten Gleichgewichtszustandes τ_g; d. h. der Ausdruck $w \cdot (\tau_g - \vartheta_1)$ wird negativ, woraus sich ergibt, daß $i_g > i_1$ und dementsprechend $\tau_g > \tau_1$ ist. Daraus erhellt ohne weiteres, daß hier ein bestimmtes Wassergewicht w durch ein bestimmtes Luftgewicht nur bis $\tau_g > \tau_1$ abgekühlt werden kann. Immerhin stellt τ_1 den überhaupt möglichen Grenzwert der Wassertemperatur dar, ungeachtet des vorhandenen Wassergewichtes. Die Berechtigung, τ_1 als Kennzeichen für die Kühlluft einzusetzen, haben im übrigen ja schon mehrere Forscher, wie Müller[1]) und Geibel[2]), durch umfangreiche Versuche an Kaminkühlern erwiesen.

Diese Betrachtungen haben mich dazu geführt, die Differenz der beiden ausgezeichneten Temperaturen ϑ_2 und τ_1 als Maß für die in einem Ventilatorkühler unter bestimmten Wasser- und Luftgewichten mögliche Wasserabkühlung anzusetzen und die Abhängigkeit der jeweils erzielten Wasserabkühlung von der Differenz $(\vartheta_2 - \tau_1)$ einer näheren Betrachtung zu unterziehen.

b) Eigene Versuche.

In dem angedeuteten Sinne habe ich daher die im vorigen Abschnitt behandelten Versuche geprüft und weitere zahlreiche Versuche an dem gleichen Versuchskühler im Maschinenlaboratorium der Technischen Hochschule Charlottenburg mit anderen Wassergewichten vorgenommen. Die dabei erhaltenen Versuchsdaten und ihre zahlenmäßige Auswertung sind in den Zahlentafeln 8—17 verzeichnet. Die Versuchsanordnung war dieselbe wie früher. Die Versuche selbst wurden gleichfalls wie früher unter weitgehender Variation der Frischluft- und Warmwasserverhältnisse derart vorgenommen, daß zunächst ein bestimmtes Wasser- und ein bestimmtes Luftgewicht eingestellt wurden, danach eine bestimmte Warmwassertemperatur. Nach Erreichung des Beharrungszustandes erfolgten nacheinander 3 Ablesungen, deren Mittel die Zahlentafeln 8—17 enthalten, worauf zunächst nur die Warmwassertemperatur verändert wurde. Sobald der neue Beharrungszustand erreicht war, folgten wieder 3 Ablesungen usw. Erst die nächste Neueinstellung betraf dann eine Veränderung entweder des Wasser- oder des Luftgewichtes, worauf sich derselbe Versuchsgang wiederholte usw. Die Variation des Frischluftzustandes erfolgte dadurch, daß die Ventilatorsaugleitung bald in den Maschinenraum, bald durch ein Fenster ins Freie geführt wurde. Eine weitere Änderung des Frischluftzustandes wurde durch zeitweises Einblasen von Wasserdampf in die Ventilatorsaugleitung zur Anreicherung der Luftfeuchtigkeit bewirkt. Um möglichst genaue Kaltwassertemperaturwerte zu erhalten, wurde neben der Wassereintrittstemperatur nicht nur die Wasseraustrittstemperatur gemessen, sondern wie früher auch Zwischenwerte. Der im Mittel in Frage kommende Kaltwassertemperaturwert ergab sich dann genau durch zeichnerisches Auftragen der gemessenen Werte $\vartheta = f(h)$ aus den Kurven der Kurventafeln 7—16 (s. Anhang, Anlage 6).

---

[1]) Otto H. Müller jr., Rückkühlwerke. Z. d. V. d. I., 1905, S. 4—14, 45—52, 132—139.
[2]) Dr.-Ing. Geibel. Forschungsheft 242, herausgegeben vom V. d. I.

Zahlentafel 8.

Versuchsergebnisse bei $w = 6510$ kg/m²h und $l = 9040$ kg/m²h.

Nr.	Frischlufttemperatur		Wassertemperatur in h m Höhe über der Lufteintrittsöffnung							$\vartheta_1 - \tau_1$	$\vartheta_1 - \vartheta_1$
	trocken	feucht	gemessen						1)		
—	t_1	τ_1	$\vartheta_{h=0}$	$\vartheta_{h=1,2}$	$\vartheta_{h=1,5}$	$\vartheta_{h=2,25}$	$\vartheta_{h=3,65}$	$\vartheta_{h=5}$	ϑ_1		
	°C	°C	°C	°C	°C	°C	°C	°C	°C	°C	°C
1	7,5	7,5	23,5	27,5	—	30,5	42	47	25,5	39,5	21,5
2	8	8	22	25	—	27,5	39	43	24	35	19
3	7,5	7,5	20,5	22,5	—	23,5	34,5	36,5	22,5	29	14
4	7	7	18	18,5	—	20	27	29,5	19	22,5	10,5
5	22	20,5	35	—	37	—	40,5	49	34,5	28,5	14,5
6	21	19,5	31	—	32,5	—	34,5	39,5	31	20	8,5
7	20,5	19	27	—	28,5	—	29	32	27	13	5
8	18	17	33	—	36	—	41	50	33	33	17
9	18	17	29	—	31	—	34	40	29,5	23	10,5
10	17	16	24	—	26	—	26,5	31	24,5	15	6,5

Zahlentafel 9.

Versuchsergebnisse bei $w = 6510$ kg/m²h und $l = 6060$ kg/m²h.

Nr.	Frischlufttemperatur		Wassertemperatur in h m Höhe über der Lufteintrittsöffnung							$\vartheta_1 - \tau_1$	$\vartheta_1 - \vartheta_1$
	trocken	feucht	gemessen						1)		
—	t_1	τ_1	$\vartheta_{h=0}$	$\vartheta_{h=1,2}$	$\vartheta_{h=1,5}$	$\vartheta_{h=2,25}$	$\vartheta_{h=3,65}$	$\vartheta_{h=5}$	ϑ_1		
	°C	°C	°C	°C	°C	°C	°C	°C	°C	°C	°C
11	7	7	21	20,5		21,5	27	30	20	23	10
12	8	8	23,5	22		24	32	37	23	29	14
13	8	8	24	25		26,5	36	41	24,5	33	16,5
14	21	19	37		38		43	51,5	36	32,5	15,5
15	21	19	31		32		35,5	40	31	21	9
16	21	19	27		28,5		29,5	32	27	13	5
17	18	17	35		36,5		40,5	48	34	31	14
18	17	16	29		30,5		33	38	28,5	22	9,5
19	17	16	25,5		26,5		27,5	31	25	15	6

Zahlentafel 10.

Versuchsergebnisse bei $w = 6510$ kg/m²h und $l = 3440$ kg/m²h.

Nr.	Frischlufttemperatur		Wassertemperatur in h m Höhe über der Lufteintrittsöffnung							$\vartheta_1 - \tau_1$	$\vartheta_1 - \vartheta_1$
	trocken	feucht	gemessen						1)		
—	t_1	τ_1	$\vartheta_{h=0}$	$\vartheta_{h=1,2}$	$\vartheta_{h=1,5}$	$\vartheta_{h=2,25}$	$\vartheta_{h=3,65}$	$\vartheta_{h=5}$	ϑ_1		
	°C	°C	°C	°C	°C	°C	°C	°C	°C	°C	°C
20	10	10	22	23		25	29,5	30	23,5	20	6,5
21	11	11	24,5	25,5		29	36	37	27	26	10
22	12	12	28	28		32	40	41,5	30,5	29,5	11
23	13	13	31	32		34,5	44	48	34,5	35	13,5
24	21	19,5	38		39		44,5	50	38,5	30,5	11,5
25	21	19,5	34		35,5		38	41	34,5	21,5	6,5
26	19,5	18	27		28		29	30	27	12	3
27	19,5	18,5	36		35,5		39	44,5	35,5	26	9
28	18	17	27		28,5		29	31	27	14	4

1) Durch zeichnerisches Auftragen der gemessenen Temperaturwerte $\vartheta = f(h)$ ermittelt.

Zahlentafel 11.

Versuchsergebnisse bei $w = 5070$ kg/m²h und $l = 8690$ kg/m²h.

Nr.	Frischluft-temperatur		Wassertemperatur in h m Höhe über der Lufteintrittsöffnung								$\vartheta_2 - \tau_1$	$\vartheta_2 - \vartheta_1$
	trocken	feucht	gemessen						¹)			
—	t_1	τ_1	$\vartheta_{h=0}$	$\vartheta_{h=1,2}$	$\vartheta_{h=1,5}$	$\vartheta_{h=2,25}$	$\vartheta_{h=3,65}$	$\vartheta_{h=5}$	ϑ_1		
	°C	°C	°C	°C	°C	°C	°C	°C	°C	°C	°C
29	9	9	20,5		21,5		25	29,5	19,5	20,5	10
30	10	10	23		25		30	37	22	27	15
31	10	10	24,5		28		32	42	22,5	32	19,5
32	11	11	27		30		35	47,5	24,5	36,5	23
33	22	20	30		36,5		38,5	50	35	30	19,5
34	22	20	26		31		32,5	39	28	19	11
35	21,5	19,5	24		27		27,5	31	25	11,5	6
36	20	18	30		36,5		39	51,5	30,5	33,5	21
37	19	17,5	27		29		33	40	27	22,5	13
38	19	17	24		25		27	30	24	13	6
39	17,5	17,5	31,5		32,5		38	50	29,5	32,5	20,5
40	17	16,5	28		28		32,5	40	27	23,5	13
41	16	15,5	23		22,5		25,5	30	22,5	14,5	7,5
42	11	10,5	24		25		32	40	22,5	29,5	17,5
43	11	10,5	21		22		25,5	30,5	20,5	20	10
44	10,5	10	19,5		19		23	28	18,5	18	9,5

Zahlentafel 12.

Versuchsergebnisse bei $w = 5070$ kg/m²h und $l = 6060$ kg/m²h.

Nr.	Frischluft-temperatur		Wassertemperatur in h m Höhe über der Lufteintrittsöffnung								$\vartheta_2 - \tau_1$	$\vartheta_2 - \vartheta_1$
	trocken	feucht	gemessen						¹)			
—	t_1	τ_1	$\vartheta_{h=0}$	$\vartheta_{h=1,2}$	$\vartheta_{h=1,5}$	$\vartheta_{h=2,25}$	$\vartheta_{h=3,65}$	$\vartheta_{h=5}$	ϑ_1		
	°C	°C	°C	°C	°C	°C	°C	°C	°C	°C	°C
45	8	8	21		22,5		27	31,5	20,5	23,5	11
46	9	9	23,5		26		30	36,5	22,5	27,5	14
47	9,5	9,5	26		29,5		33	42	25	32,5	17
48	10	10	28		31,5		36	47	26,5	37	20,5
49	19	17,5	29		30,5		35	40	29	22,5	11
50	18	16,5	24,5		24,5		28	30	24	13,5	6
51	16,5	16	34		33		39,5	49,5	32	33,5	17,5
52	16,5	16	29,5		28,5		33,5	40	28	24	12
53	15	14	24		23		27	30	23	16	7
54	11	10,5	19,5		20,5		24	27	19,5	16,5	7,5
55	12	11,5	25		25,5		30,5	37	24,5	25,5	12,5
56	12	11,5	28		29,5		36	43	27,5	33,5	17,5

¹) Durch zeichnerisches Auftragen der gemessenen Temperaturwerte $\vartheta = f(h)$ ermittelt.

Zahlentafel 13.

Versuchsergebnisse bei $w = 5070$ kg/m²h und $l = 3620$ kg/m²h.

Nr.	Frischluft-temperatur		Wassertemperatur in h m Höhe über der Lufteintrittsöffnung							$\vartheta_2 - \tau_1$	$\vartheta_2 - \vartheta_1$
	trocken	feucht	gemessen						[1]		
—	t_1	τ_1	$\vartheta h=0$	$\vartheta h=1,2$	$\vartheta h=1,5$	$\vartheta h=2,25$	$\vartheta h=3,65$	$\vartheta h=5$	ϑ_1		
	°C	°C	°C	°C	°C	°C	°C	°C	°C	°C	°C
57	12	11,5	24		23,5		28,5	30,5	23	19	7,5
58	13	12,5	27		27		33	36	26	23,5	10
59	14	14	31		29,5		38	42	29	28	13
60	14	14	34,5		32		42	47,5	32	33,5	15,5
61	22,5	20,5	35,5		37,5		43,5	49,5	36,5	29	13
62	21,5	19,5	32		32		37	40	31,5	20,5	8,5
63	21	19	26,5		27		29,5	31	26,5	12	4,5
64	21	19	34,5		36,5		44	50,5	36	31,5	14,5
65	21	19	31,5		33		37	41	32	22	9
66	20,5	18	25,5		27		28,5	30	26	12	4
67	27,5	27,5	39		40		45	50,5	39,5	23	11
68	26	26	34		35		38	40	35	14	5
69	25,5	25,5	29		29,5		30	31	29	5,5	2
70	21,5	20	36		36		44	50	36	30	14
71	21	19	33		33		37	41	32,5	22	8,5
72	19,5	17,5	25,5		26		28,5	29,5	25,5	12	4
73	21	19	35		34,5		41	45,5	34	26,5	11,5
74	17,5	17	36,5		36,5		43	50	35	33	15
75	16	15,5	26		31		34	39	28	23,5	11
76	15	14,5	24,5		24,5		27	29,5	24	15	5,5
77	14,5	14	32,5		33		38	44	31	30	13
78	14	13,5	29,5		28		34,5	38,5	28	25	10,5
79	13	12,5	23		22,5		26	28	22	15,5	6

Zahlentafel 14.

Versuchsergebnisse bei $w = 3080$ kg/m²h und $l = 8690$ kg/m²h.

Nr.	Frischluft-temperatur		Wassertemperatur in h m Höhe über der Lufteintrittsöffnung							$\vartheta_2 - \tau_1$	$\vartheta_2 - \vartheta_1$
	trocken	feucht	gemessen						[1]		
—	t_1	τ_1	$\vartheta h=0$	$\vartheta h=1,2$	$\vartheta h=1,5$	$\vartheta h=2,25$	$\vartheta h=3,65$	$\vartheta h=5$	ϑ_1		
	°C	°C	°C	°C	°C	°C	°C	°C	°C	°C	°C
80	9	8	15		17		31	37,5	14,5	29,5	23
81	9	8	14,5		15,5		26	30	14	22	16
82	17	16,5	22		22,5		37	45	21	28,5	24
83	17	16	19,5		20,5		31,5	37	20,5	21	16,5
84	16	15	18,5		19		26,5	29,5	19	14,5	10,5
85	20	18,5	22,5		24		39,5	49,5	22,5	31	27
86	20	18,5	22		23,5		34	40	23	21,5	17
87	20	18,5	21		22,5		27	30	22	11,5	8
88	11	10,5	14		17,5		32,5	47	14	36,5	33
89	11	10,5	13,5		16,5		30	39,5	15	29	24,5
90	10,5	10,5	14		15,5		24	28,5	15	18	13,5

[1] Durch zeichnerisches Auftragen der gemessenen Temperaturwerte $\vartheta = f(h)$ ermittelt.

Zahlentafel 15.
Versuchsergebnisse bei $w = 3080$ kg/m²h und $l = 6060$ kg/m²h.

Nr.	Frischlufttemperatur		Wassertemperatur in h m Höhe über der Lufteintrittsöffnung							$\vartheta_2-\tau_1$	$\vartheta_2-\vartheta_1$
	trocken	feucht	gemessen						[1])		
—	t_1	τ_1	$\vartheta_{h=0}$	$\vartheta_{h=1,2}$	$\vartheta_{h=1,5}$	$\vartheta_{h=2,25}$	$\vartheta_{h=3,65}$	$\vartheta_{h=5}$	ϑ_1		
	°C	°C	°C	°C	°C	°C	°C	°C	°C	°C	°C
91	8	8	16		19		36	45	16	37	29
92	7	7	16		18,5		31	37	16	30	21
93	7	7	16,5		19		36	44	16	37	28
94	14	13	18		19,5		28	31	19,5	18	11,5
95	15	14	19,5		21,5		33	37,5	21,5	23,5	16
96	15,5	15	20,5		23		37,5	46	22,5	31	23,5
97	20	17	21		23,5		35	40	23	23	17
98	19	17	20,5		22		28	30	22	13	8
99	18,5	16,5	19		20		23	24	19,5	7,5	4,5
100	12	11,5	15,5		19		30	36	18	24,5	18
101	12	11,5	14,5		17,5		26	30	16,5	18,5	13,5

Zahlentafel 16.
Versuchsergebnisse bei $w = 3080$ kg/m²h und $l = 3620$ kg/m²h.

Nr.	Frischlufttemperatur		Wassertemperatur in h m Höhe über der Lufteintrittsöffnung							$\vartheta_2-\tau_1$	$\vartheta_2-\vartheta_1$
	trocken	feucht	gemessen						[1])		
—	t_1	τ_1	$\vartheta_{h=0}$	$\vartheta_{h=1,2}$	$\vartheta_{h=1,5}$	$\vartheta_{h=2,25}$	$\vartheta_{h=3,65}$	$\vartheta_{h=5}$	ϑ_1		
	°C	°C	°C	°C	°C	°C	°C	°C	°C	°C	°C
102	10,5	9,5	20		24		38	45	21,5	35,5	23,5
103	10	9	18		21,5		32,5	37,5	19,5	28,5	18
104	10	8,5	16		19		27	30	17,5	21,5	12,5
105	11	10,5	20		24,5		42	50	22,5	39,5	27,5
106	11,5	11	19,5		23,5		35	39	22	28	17
107	11,5	11	17,5		20,5		28	30,5	19	19,5	11,5
108	10	9	14,5		16,5		20,5	22	15	13	7
109	13	11,5	20,5		24		38,5	44	23	32,5	21
110	19,5	17	23		26		36,5	40	26	23	14
111	20	17,5	21		23		28,5	30	23	12,5	7
112	20	17,5	20		22		24	25	21	7,5	4
113	13,5	13	18,5		22		31	35	21	22	14
114	13	12,5	17,5		20		26,5	29	19	16,5	10

Zahlentafel 17.
Versuchsergebnisse bei $w = 1810$ kg/m²h.

Nr.	Gewicht l	Frischluft-Temperatur		Wassertemperatur in h m Höhe über der Lufteintrittsöffnung							$\vartheta_2-\tau_1$	$\vartheta_2-\vartheta_1$
		trocken	feucht	gemessen						[1])		
—	l	t_1	τ_1	$\vartheta_{h=0}$	$\vartheta_{h=1,2}$	$\vartheta_{h=1,5}$	$\vartheta_{h=2,25}$	$\vartheta_{h=3,65}$	$\vartheta_{h=5}$	ϑ_1		
	kg/m²h	°C	°C	°C	°C	°C	°C	°C	°C	°C	°C	°C
115	8690	20	19	19,5		20,5	26,5	37	44	17	25	27
116	„	19,5	18,5	19		20,5	25	31,5	36	19	17,5	17
117	„	19	18	18,5		19	21	23	25	19	7	6
118	„	20	19	19,5		20,5	27	36,5	42	18	23	24
119	6060	18,5	18	20		21	28	34	38	20	20	18
120	„	18	17	19		19,5	22	26	28	19,5	11	8,5
121	3440	18,5	17,5	19,5		20,5	24	26	27,5	20,5	10	7
122	„	19	18	21		22	27	35	39	23	21	16
123	„	20	19	23		24	32	40,5	45	24	26	21

[1]) Durch zeichnerisches Auftragen der gemessenen Temperaturwerte $\vartheta = f(h)$ ermittelt.

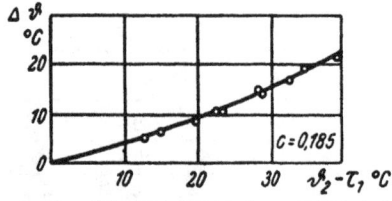

Abb. 11. $\varDelta\vartheta = f(\vartheta_2 - \tau_1)$ bei $w = 6510$ kg/m³h
und $l = 9040$ „

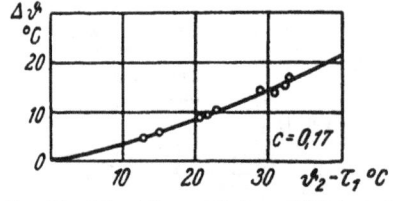

Abb. 12. $\varDelta\vartheta = f(\vartheta_2 - \tau_1)$ bei $w = 6510$ kg/m³h
und $l = 6060$ „

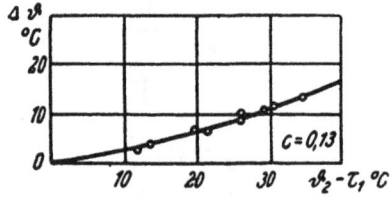

Abb. 13. $\varDelta\vartheta = f(\vartheta_2 - \tau_1)$ bei $w = 6510$ kg/m³h
und $l = 3440$ „

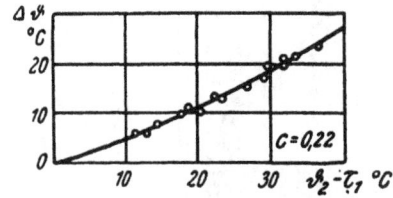

Abb. 14. $\varDelta\vartheta = f(\vartheta_2 - \tau_1)$ bei $w = 5070$ kg/m³h
und $l = 8690$ „

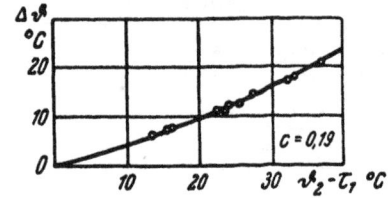

Abb. 15. $\varDelta\vartheta = f(\vartheta_2 - \tau_1)$ bei $w = 5070$ kg/m³h
und $l = 6060$ „

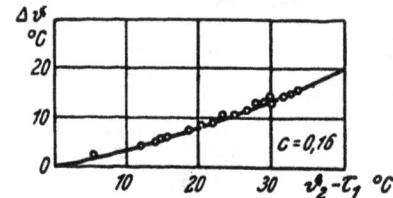

Abb. 16. $\varDelta\vartheta = f(\vartheta_2 - \tau_1)$ bei $w = 5070$ kg/m³h
und $l = 3620$ „

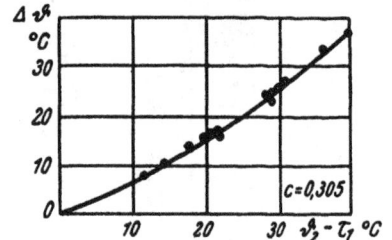

Abb. 17. $\varDelta\vartheta = f(\vartheta_2 - \tau_1)$ bei $w = 3080$ kg/m³h
und $l = 8690$ „

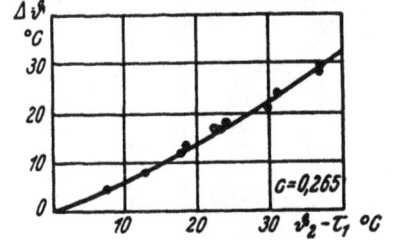

Abb. 18. $\varDelta\vartheta = f(\vartheta_2 - \tau_1)$ bei $w = 3080$ kg/m³h
und $l = 6060$ „

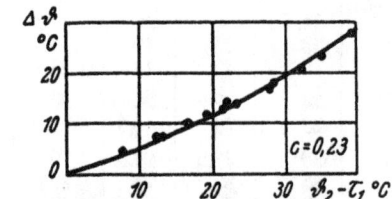

Abb. 19. $\varDelta\vartheta = f(\vartheta_2 - \tau_1)$ bei $w = 3080$ kg/m³h
und $l = 3620$ „

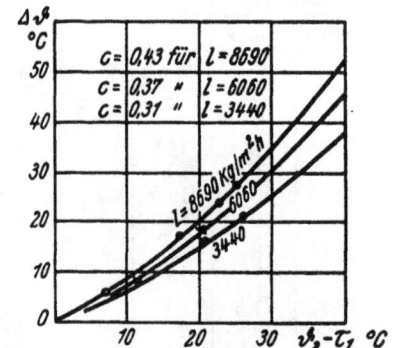

Abb. 20. $\varDelta\vartheta = f(\vartheta_2 - \tau_1)$ bei $w = 1810$ kg/m³h

Die Zahlentafeln 8—17 enthalten bereits die jeweils aus den Versuchsdaten ermittelten Differenzen $\vartheta_2 - \tau_1$ und $\vartheta_2 - \vartheta_1 = \Delta\vartheta$ (= insgesamt erzielte Wasserabkühlung im Einbau). Trägt man im Verfolg des beabsichtigten Versuchsweges $\Delta\vartheta$ in Abhängigkeit von $\vartheta_2 - \tau_1$ auf, wie dies in den Schaubildern Abb. 11—20 geschehen ist, so ergibt sich für konstante, den Kühlereinbau durchströmende Luft- und Wassergewichte je eine Kurve, und zwar folgen alle Kurven dem Gesetz

$$\Delta\vartheta = c \cdot (\vartheta_2 - \tau_1)^{1,3}.$$

Die Wasserabkühlung $\Delta\vartheta = \vartheta_2 - \vartheta_1$, für die Geibel den Ausdruck „*Kühlzonenbreite*" eingeführt hat, wächst also stets mit der 1,3ten Potenz von $\vartheta_2 - \tau_1$. Der Faktor c hängt außer von der Kühlereinbauart nur vom Wasser- und Luftgewicht ab, das den Kühler durchfließt. Er ist bei unveränderlichem Wasser- und Luftgewicht konstant und demnach unabhängig vom Wasser- und Frischluftzustand, deren Einfluß auf die Wasserabkühlung nur in der Differenz $\vartheta_2 - \tau_1$ zur Geltung kommt. Bezeichnet wie früher

W kg/h das stdl. den Kühler durchströmende Wassergewicht,

$w = W : F$ kg/m²h das stdl. durch 1 m² des Kühlerquerschnittes F fließende Wassergewicht,

$L =$ kg/h das stdl. den Kühler durchströmende Reinluftgewicht,

$l = L : F$ kg/m²h das stdl. durch 1 m² des Kühlerquerschnittes F fließende Reinluftgewicht,

so ergibt die Darstellung des Faktors c in Funktion von l für jeden Wert w eine Kurve (s. Abb. 21). Für alle c-Kurven gilt hier

$$c = k \cdot \sqrt[2,4]{l},$$

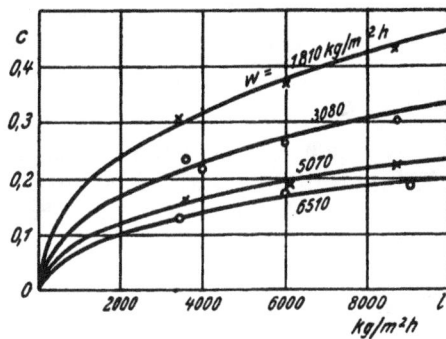 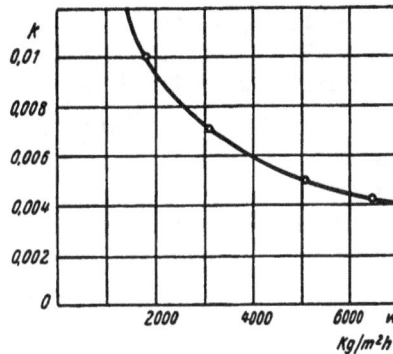

Abb. 21. $c = f(l)$.   Abb. 22. $k = f(w)$.

wobei k nur von der Kühlereinbauart und dem Wassergewicht w abhängt und für eine bestimmte Einbauart und ein und dasselbe Wassergewicht konstant ist. So ist hier für

$w = 6510$	5070	3080	1810 kg/m²h
$k = 0,0043$	0,005	0,0072	0,01

Trägt man k in Abhängigkeit von w auf (s. Abb. 22), so ergibt sich

$$k = C : \sqrt[1,5]{w}.$$

Hierin ist der Wert C unveränderlich. Er hängt nur von der Einbauart des Kühlers ab und ergibt sich im vorliegenden Falle zu 1,5. Für den hier untersuchten Ventilatorkühler wird demnach

$$\Delta \vartheta = \vartheta_2 - \vartheta_1 = c \cdot (\vartheta_2 - \tau_1)^{1,3} = 1,5 \frac{\sqrt[2,4]{l}}{\sqrt[1,5]{w}} (\vartheta_2 - \tau_1)^{1,3}.$$

Nun liegen im Rückkühlbetrieb die Verhältnisse so, daß der Wert $\Delta \vartheta$, also kurz die Kühlzonenbreite, im wesentlichen durch das Verhältnis des umlaufenden Wassergewichtes W kg/h zu dem in den Kondensator eintretenden Dampfgewicht D kg/h bedingt ist, wie aus folgendem erhellt. Bedeuten:

ϑ_e^0 C   die Kühlwassertemperatur/Eintritt Kondensator,
ϑ_a^0 C   die Kühlwassertemperatur/Austritt Kondensator,
i kcal/kg den Wärmeinhalt des in den Kondensator eintretenden Dampfes,
t_c^0 C   die Temperatur des aus dem Kondensator austretenden Kondensates,
W kg/h   das stündlich umlaufende Wassergewicht,
D kg/h   das stündlich in dem Kondensator eintretende Dampfgewicht,

so ist
$$W \cdot (\vartheta_a - \vartheta_e) = D \cdot (i - t_c),$$

wenn man den Wärmeaustausch vernachlässigt, der zwischen dem Kondensator und seiner Umgebung stattfindet.

Im Kreislauf der Rückkühlanlage kann man mit hinreichender Genauigkeit annehmen, daß die Temperatur ϑ_a des aus dem Kondensator austretenden Wassers gleich der Temperatur ϑ_2 des in den Kühler eintretenden Wassers ist. Die Temperatur ϑ_e des in den Kondensator eintretenden Kühlwassers ist gleich der Temperatur des Mischwassers ϑ_m (s. S. 6 dieser Arbeit) und ergibt sich aus

$$W \cdot \vartheta_m = (W - W_0) \cdot \vartheta_1 + W_0 \cdot \vartheta_0$$
$$W \cdot \vartheta_m = W \cdot \vartheta_1 - W_0 (\vartheta_1 - \vartheta_0).$$

Da sowohl W_0 als auch $(\vartheta_1 - \vartheta_0)$ sehr klein ist, ist das Produkt $W_0 (\vartheta_1 - \vartheta_0)$ vernachlässigbar klein gegenüber $W \cdot \vartheta_1$, so daß man mit hinreichender Genauigkeit $\vartheta_m = \vartheta_1$ setzen kann. Damit wird

$$D (i - t_c) = W \cdot (\vartheta_2 - \vartheta_1).$$

Der in der Klammer stehende Wert $(i - t_c)$ kann als annähernd konstant betrachtet werden, woraus sich ergibt, daß die Kühlzonenbreite tatsächlich in der Hauptsache durch das Verhältnis des Wassergewichts W zum Dampfgewicht D bestimmt ist. Es ist demnach

$$\Delta \vartheta = (i - t_c) \cdot \frac{D}{W} = 1,5 \cdot \frac{\sqrt[2,4]{l}}{\sqrt[1,5]{w}} (\vartheta_2 - \tau_1)^{1,3}$$

oder

$$\vartheta_2 - \tau_1 = \sqrt[1,3]{\frac{\frac{D}{W}(i - t_c)}{1,5 \frac{\sqrt[2,4]{l}}{\sqrt[1,5]{w}}}}$$

bzw.

$$\vartheta_2 = \tau_1 + \sqrt[1,3]{\frac{\frac{D}{W}(i - t_c)}{1,5 \frac{\sqrt[2,4]{l}}{\sqrt[1,5]{w}}}} = \tau_1 + \sqrt[1,3]{\frac{\Delta \vartheta}{c}}.$$

Hieraus ergibt sich die Temperatur des aus dem Kühler ablaufenden Wassers zu

$$\vartheta_1 = \vartheta_2 - \varDelta\vartheta = \tau_1 + \sqrt[1,3]{\frac{\varDelta\vartheta}{c}} - \varDelta\vartheta.$$

Damit ist aber — und das ist für die Beurteilung der gesamten Anlage das Wesentliche — die *Höhenlage der Kühlzone*, die allein die Güte des Kühlwerks in kühltechnischer Hinsicht bestimmt, gegeben. Auf diese Bedeutung der Höhenlage der Kühlzone wird noch im Schlußabschnitt dieser Arbeit näher eingegangen werden. Zunächst soll jetzt geprüft werden, ob die bisher bekannt gewordenen Versuche an anderen Ventilatorkühlern ähnlichen Gesetzen wie dem oben abgeleiteten folgen und ob insbesondere als allgemeines Gesetz geschrieben werden darf

bzw.
$$\varDelta\vartheta = c\,(\vartheta_2 - \tau_1)^{1,3}$$

$$\vartheta_1 = \tau_1 + \sqrt[1,3]{\frac{\varDelta\vartheta}{c}} - \varDelta\vartheta.$$

Diese Untersuchung bildet den Gegenstand des nachfolgenden Abschnittes.

c) Versuche von Merkel [1]).

Von allen mir bekannten Versuchen an künstlich belüfteten Kühlwerken sind nur die ausgezeichneten (bereits in Abschnitt 1 dieser Arbeit angeführten) Versuche von Dr.-Ing. Merkel so umfangreich, daß sie sich zu einer Prüfung in dem unter b) erwähnten Sinne eignen.. Merkel hat fast durchweg bei ein und demselben umlaufenden Wassergewicht $W = 180$ kg/h oder — auf 1 m² des Kühlerquerschnittes F bezogen — $w = 3060$ kg/m²h gearbeitet und nach Möglichkeit auch den Zustand der Frischluft unverändert gelassen. Variiert hat er einmal die Temperatur des dem Kühler zufließenden warmen Wassers, zweitens das den Einbau durchströmende Luftgewicht L kg/h bzw. l kg/m²h und drittens die Einbauhöhe h bzw. die Rieselfläche F_r. Der von ihm untersuchte Kühler bestand aus einem Rohr aus verzinktem Eisenblech von 0,25 m Durchmesser. Als Rieseleinbau dienten Raschigringe aus Eisenblech von rund 15 mm Höhe und Durchmesser, deren Zahl durch die jeweils gewünschte Einbauhöhe h bzw. Rieselfläche F_r bestimmt war. Die Messungsergebnisse der bei $w = 3060$ kg/m²h durchgeführten Versuche enthalten die Zahlentafeln 3—8 der Merkelschen Forschungsarbeit, aus denen ich hier die Daten herausgezogen und in den Zahlentafeln 18—23 dieser Arbeit zusammengestellt habe, die für eine Prüfung der Beziehung

$$\varDelta\vartheta = \vartheta_2 - \vartheta_1 = c \cdot (\vartheta_2 - \tau_1)^{1,3}$$

in Frage kommen.

In den Zahlentafeln 18—23 bedeuten — genau wie oben:

ϑ_2 und ϑ_1 die Wassertemperaturen an der Stelle des Wasserein- bzw. Austritts in den Kühler,

t_1 und τ_1 die trockene und die feuchte Frischlufttemperatur,

$\varDelta\vartheta$ die im Einbau erzielte Wasserabkühlung,

L das den Kühler stdl. durchströmende Luftgewicht.

Die Dimensionen der verzeichneten Werte sind gleichfalls, wie früher, in den einzelnen Zahlentafeln angegeben.

---

[1]) Merkel, Forschungsarbeiten, Heft 275.

Zahlentafel 18
(s. Merkelsche Zahlentafel Nr. 3).
Versuche von Merkel.

$F_r = 0 \; m^2 \quad W = 150 \; kg/h.$

Nr.	ϑ_2	ϑ_1	L	t_1	τ_1	$\vartheta_2 - \tau_1$	$(\vartheta_2 - \tau_1)_m$	$\varDelta\vartheta$
	°C	°C	kg/h	°C	°C	°C	°C	°C
1	30,3	29,1	55,8	18,4	11,9	18,4		1,2
2	30,2	28,3	116,9	19,1	12,2	18		1,9
3	30,3	28,2	150,6	19,4	12,3	18	18	2,1
4	30,2	27,9	178,8	19,4	12,3	17,9		2,3
5	30,2	27,6	205	19,4	12,3	17,9		2,6
6	30,2	27,3	245,4	19,4	12,3	17,9		2,9
7	39,8	37,6	58,8	19,3	12,2	27,6		2,2
8	39,8	36	148,1	20	12,5	27,3	28	3,8
9	39,1	34,4	216,6	16,8	10,3	28,8		4,7
10	39,2	33,9	242	17,2	11,4	27,8		5,3
11	49,8	46,6	58,3	17,9	11,7	38,1		3,2
12	49,8	44,3	138,2	18,8	12	37,8	38	5,5
13	49,8	42,9	190,3	18,6	11,9	37,9		7,1
14	49,5	41,8	226,7	18,6	11,9	37,6		7,7
15	60,1	55	55,9	19,1	12,2	47,9		5,1
16	60,3	52,3	135,8	20	12,5	47,8	47,5	8
17	59,7	50,4	182,9	20,4	12,7	47		9,3
18	59,8	48,7	226,3	20,3	12,6	47,2		11,1

Zahlentafel 19
(s. Merkelsche Zahlentafel Nr. 4).
Versuche von Merkel.

$F_r = 2 \; m^2 \quad W = 150 \; kg/h$

Nr.	ϑ_2	ϑ_1	L	t_1	τ_1	$\vartheta_2 - \tau_1$	$(\vartheta_2 - \tau_1)_m$	$\varDelta\vartheta$
	°C	°C	kg/h	°C	°C	°C	°C	°C
1	29,6	27	55,7	16,8	12,3	17,3		2,6
2	29,5	26,4	102,7	17,3	12,6	16,9		3,1
3	29,3	25,3	146	17,4	12,6	16,7	17	4
4	29,5	25,3	185	17,4	12,6	16,9		4,2
5	29,5	24,9	221,7	17,4	12,6	16,9		4,6
6	39,7	35,2	65,3	17,4	13,2	26,5		4,5
7	39,7	32,8	126,1	17,8	13,3	26,4		6,9
8	39,8	31,2	169,5	17,7	13,3	26,5	26,5	8,6
9	39,7	31,2	195,9	17,9	13,4	26,3		8,5
10	40,1	30,3	221,7	18,1	13,4	26,7		9,8
11	50	44,5	53	19,2	13,9	36,1		5,5
12	49,9	41,3	99,5	19,1	13,8	36,1		8,6
13	49,8	39,1	133	19,2	13,9	35,9	36	10,7
14	49,7	37,3	169,4	19,2	13,9	35,8		12,4
15	50	35,4	219,5	19,3	13,9	36,1		14,6
16	60,2	50,1	56,5	19,9	13,3	46,9		10,1
17	60,3	46,6	113	20,1	13,4	46,9		13,7
18	59,8	44,5	134,5	19,9	13,3	46,5	46,5	15,3
19	60	42,2	169,5	20,1	13,4	46,6		17,8
20	58,6	38,2	202,9	21,6	13,9	44,7		20,4

Zahlentafel 20
(s. Merkelsche Zahlentafel Nr. 5).

Versuche von Merkel.

$F_r = 4\ \mathrm{m^2}\ W = 150\ \mathrm{kg/h}.$

Nr.	ϑ_2	ϑ_1	L	t_1	τ_1	$\vartheta_2-\tau_1$	$(\vartheta_2-\tau_1)_m$	$\varDelta\vartheta$
	°C	°C	kg/h	°C	°C	°C	°C	°C
1	30,1	26,5	67,5	19,3	13,5	16,6		3,6
2	29,8	25,1	119,1	19,3	13,5	16,3	16,5	4,7
3	29,7	23,4	188,1	19,2	13,5	16,2		6,3
4	29,9	22	227	19,2	13,5	16,4		7,9
5	39,8	34,3	59,8	20	13,6	26,2		5,5
6	40	30,9	130	20	13,6	26,4	26,5	9,1
7	40,3	27,6	189,3	19,8	13,5	26,8		12,7
8	40	25,5	227,5	19,9	13,5	26,5		14,5
9	50	41,2	59,5	20,8	13,8	36,2		8,8
10	49,9	35,9	i23	20,8	13,8	36,1	36,25	14
11	50	31,5	188	20,6	13,6	36,4		18,5
12	50	30,2	221,8	20,6	13,6	36,4		19,8
13	60,2	46,5	59	21,9	14,3	45,9		13,7
14	60	35,3	174,5	21,3	14,1	45,9	46	24,7
15	60,1	31,3	218,2	21,3	14,1	46		28,8

Zahlentafel 21
(s. Merkelsche Zahlentafel Nr. 6)

Versuche von Merkel.

$F_r = 6\ \mathrm{m^2}\ W = 150\ \mathrm{kg/h}.$

Nr.	ϑ_2	ϑ_1	L	t_1	τ_1	$\vartheta_2-\tau_1$	$(\vartheta_2-\tau_1)_m$	$\varDelta\vartheta$
	°C	°C	kg/h	°C	°C	°C	°C	°C
1	29,8	25,8	61,8	18	13,5	16,3		4
2	30	23,6	108	18,3	13,6	16,4		6,4
3	30,1	21,6	158	18,2	13,6	16,5	16,5	8,5
4	29,9	20,6	191	17,6	13,3	16,6		9,3
5	29,8	19,9	205	18	13,5	16,2		9,9
6	40	33,3	52	18,8	13,2	26,8		6,7
7	40	28,6	107	18,6	13	27		11,4
8	40	25,2	160	18,4	13	27	27	14,8
9	40,3	24,1	190	17,9	12,8	27,5		16,2
10	40,2	23	203	18,4	13	27,2		17,2
11	49,9	40,2	51,5	19,2	13,8	36,1		9,7
12	50,2	32,9	106	19	13,7	36,5		17,3
13	50,1	29,2	148,3	18,7	13,6	36,5	36,5	20,7
14	49,9	27,8	172	18,8	13,6	36,3		22,1
15	50,2	25,7	197,9	18,9	13,6	36,6		24,5
16	60	43,5	62	19,6	12,4	47,6		16,5
17	60	38	103,4	19,8	12,5	47,5		22
18	60,2	30,6	161	19,1	12,1	48,1	48	29,6
19	60,4	28,2	199	19,2	12,2	48,2		32,2

Zahlentafel 22

(s. Merkelsche Zahlentafel Nr. 7)

Versuche von Merkel.

$F_r = 8\,\mathrm{m}^2\quad W = 150\,\mathrm{kg/h}$

Nr.	ϑ_2	ϑ_1	L	t_1	τ_1	$\vartheta_2-\tau_1$	$(\vartheta_2-\tau_1)_m$	$\varDelta\vartheta$
	°C	°C	kg/h	°C	°C	°C	°C	°C
1	29,6	25,8	57,6	19,4	15,1	14,5		3,8
2	29,8	24,1	103,3	19,8	15,3	14,5		5,7
3	29,7	22,6	147	20	15,4	14,3	14,5	7,1
4	29,7	21,7	176	20,1	15,5	14,2		8
5	29,8	21,2	192	20,4	15,5	14,3		8,6
6	39,9	31,4	59,7	18,2	13	26,9		8,5
7	40,1	28	113,6	19	13,3	26,8		12,1
8	40,1	25,2	140	18,6	13,2	26,9	27	14,9
9	39,9	23,8	159	18,2	13	26,9		16,1
10	40,1	22,8	182	18,3	13,1	27		17,3
11	50,1	37,8	56,5	20,1	14,2	35,9		12,3
12	50,3	33,5	101	19,7	14,1	36,2		16,8
13	50,2	30,7	111	19,6	14	36,2	36	19,5
14	49,9	27,6	146,2	19,4	14	35,9		22,3
15	50,3	26,4	162,5	19,2	13,9	36,4		23,9
16	49,8	24,8	180,5	19	13,8	36		25
17	59,7	40,5	57,5	19,3	14,7	45		19,2
18	59,9	32,5	110,8	19	14,6	45,3	45	27,4
19	59,8	28,2	150	18,9	14,6	45,2		31,8
20	59,7	26,1	177	18,9	14,6	45,1		33,6

Zahlentafel 23

(s. Merkelsche Zahlentafel Nr. 8)

Versuche von Merkel.

$F_r = 10\,\mathrm{m}^2\quad W = 150\,\mathrm{kg/h}$

Nr.	ϑ_2	ϑ_1	L	t_1	τ_1	$\vartheta_2-\tau_1$	$(\vartheta_2-\tau_1)_m$	$\varDelta\vartheta$
	°C	°C	kg/h	°C	°C	°C	°C	°C
1	29,8	25,6	56	17,7	14,4	15,4		4,2
2	29,8	22,6	103	18,6	14,7	15,1		7,2
3	29,9	20,8	137,5	18,6	14,7	15,2	15,25	9,1
4	29,9	19,7	164	18,5	14,7	15,2		10,2
5	30	19,6	174,5	18,6	14,7	15,3		10,4
6	40,2	26,7	96	14,4	10	30,2		13,5
7	39,8	21,2	170	14,7	10,2	29,6	30	18,6
8	50,2	30,4	97,5	15,2	10,7	39,5		19,8
9	49,9	23,3	141,5	15,1	10,6	39,3	39,4	26,6
10	60,1	35,5	78,5	15,7	12,7	47,4		24,6
11	60,2	26,5	141,5	15,7	12,7	47,5	47,3	33,7
12	59,7	25,1	161,2	15,8	12,7	47		34,6

Die Auswertung der Merkelschen Versuche erfolgte für jede Rieselfläche F_r getrennt auf die folgende Weise. Zunächst wurde die im Einbau erzielte Abkühlung $\varDelta\vartheta$ in Abhängigkeit vom Luftgewicht L bzw. l aufgetragen (s. Kurventafel 17 im Anhang, Anlage 7), wobei sich für jeden Wert $\vartheta_2-\tau_1$ eine Kurve ergibt. Zu diesem

Zweck wurden die sich aus den Versuchsdaten ergebenden Werte $\vartheta_2 - \tau_1$ für jede Versuchsreihe gemittelt, und bei Aufstellung der Kurven wurden dann diese Mittelwerte $(\vartheta_2 - \tau_1)_m$ berücksichtigt. Der hierbei gemachte Fehler ist, wie ein Vergleich der in den Zahlentafeln 18—23 enthaltenen Werte $\vartheta_2 - \tau_1$ und $(\vartheta_2 - \tau_1)_m$ lehrt, äußerst gering.

Aus den Kurven $\Delta\vartheta = f(L)$ bzw. $f(l)$ wurden dann die Werte $\Delta\vartheta$ für $l = 1000$, 2000, 3000 usw. entnommen und in neuen Kurven (s. Kurventafel 18—19 im Anhang, Anlage 8) in Abhängigkeit von $(\vartheta_2 - \tau_1)_m$ aufgezeichnet. Diese Schaubilder $\Delta\vartheta = f(\vartheta_2 - \tau_1)_m$ ergeben für jeden Wert l eine Kurve, und diese Kurven bestätigen ohne Ausnahme das oben angeschriebene Gesetz

$$\Delta\vartheta = c \cdot (\vartheta_2 - \tau_1)^{1,3}.$$

Die Werte c, die sich für die einzelnen Rieselflächen F_r und Luftgewichte l ergeben, sind in Zahlentafel Nr. 24 verzeichnet.

Zahlentafel 24

$l =$	1000	2000	3000	4000	5000
Bei $F_r = \ 0\,\text{m}^2$ ist $c =$	—	0,043	0,055	0,064	0,072
„ $F_r = \ 2\,\text{m}^2$ „ $c =$	0,057	0,085	0,108	0,124	—
„ $F_r = \ 4\,\text{m}^2$ „ $c =$	0,08	0,116	0,15	0,178	—
„ $F_r = \ 6\,\text{m}^2$ „ $c =$	0 095	0,142	0,185	0,225	—
„ $F_r = \ 8\,\text{m}^2$ „ $c =$	0,118	0,17	0,215	0,25	—
„ $F_r = 10\,\text{m}^2$ „ $c =$	0,125	0,18	0,22	0,26	—

Trägt man diese Werte c in Abhängigkeit von l auf, so ergibt sich für jede Rieselfläche F_r eine besondere Kurve (s. Abb. 23). Diese Kurven folgen sämtlich dem Gesetz

$$c = k \cdot \sqrt[1,8]{l},$$

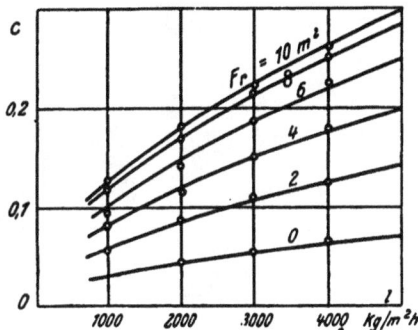

Abb. 23. $c = f(l)$.

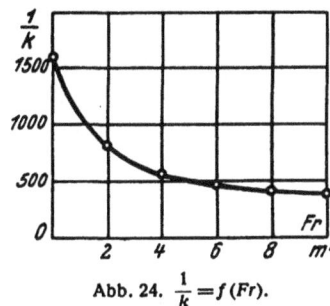

Abb. 24. $\dfrac{1}{k} = f(F_r)$.

wobei k sowohl von w als auch von F_r abhängig ist. Die Abhängigkeit von w kann hier leider nicht untersucht werden, da Merkel nur einige wenige Versuche mit anderen Wassergewichten W kg/h bzw. w kg/m²h ausgeführt hat. Die Abhängigkeit des Wertes k von F_r zeigt Abb. 24, in der der reziproke Wert $1/k = f(F_r)$ zur Darstellung gebracht ist. Hierin ist für

$F_r =$	0	2	4	6	8	10
$1/k =$	1600	805	570	460	400	380

d) Ergebnis der Untersuchungen.

Wie die Ausführungen unter c) zeigen, bestätigen die Merkelschen Versuche die Gültigkeit der Beziehung

$$\varDelta\vartheta = c\,(\vartheta_2 - \tau_1)^{1,3},$$

die damit als allgemein gültig betrachtet werden kann. In dieser Gleichung ergab sich für den von mir im Maschinen-Laboratorium der Techn. Hochschule Charlottenburg untersuchten Versuchskühler der Wert c zu

$$c = C \cdot \frac{\sqrt[r]{l}}{\sqrt[s]{w}} = 1{,}5 \cdot \frac{\sqrt[2,4]{l}}{\sqrt[1,8]{w}}.$$

Hierin hängen C, r und s nur von der Einbauart ab; d. h. bei Ventilatorkühlern anderer Größe und bei anderen Wasserzerteileinrichtungen, also bei anderen Verhältnissen der Berührungsoberfläche zwischen Wasser und Luft nehmen C, r und s auch andere Werte an als die für den hier untersuchten Versuchskühler ermittelten. Die Erforschung der Gesetzmäßigkeit des Wasserrückkühlvorganges in einem Ventilatorkühler ist damit in jedem Fall zurückgeführt auf eine Erforschung der *Einbaukennwerte C, r* und *s*.

Die Höhenlage der Kühlzone ist bestimmt durch

$$\vartheta_2 = \tau_1 + \sqrt[1,3]{\frac{\varDelta\vartheta}{c}}$$

bzw.

$$\vartheta_1 = \vartheta_2 - \varDelta\vartheta.$$

Abschnitt III.

Anwendung der aufgestellten Theorie zur Ermittlung des wirtschaftlichsten Luftgewichtes.

Von größter Bedeutung für die Wirtschaftlichkeit einer mit Kondensation und Wasserrückkühlung im Ventilatorkühler arbeitenden Dampfkraftanlage ist die Größe des durch den Kühler zu schickenden Luftgewichtes. Je mehr Luft bestimmter Beschaffenheit in der Zeiteinheit den Kühler durchströmt, um so tiefer sinkt die Kühlzone, um so kälter tritt also auch das rückgekühlte Wasser in den Kondensator ein. Hiermit läuft aber eine Verbesserung des Vakuums im Kondensator parallel, die ihrerseits die für eine bestimmte Maschinenleistung aufzuwendende Dampfmenge und die damit verbundenen Dampfkosten verringert. Auf der andern Seite wachsen mit erhöhtem Luftgewicht die Kosten der Luftförderung, so daß also in jedem Fall eine Grenze existieren wird, an der die Gesamtkosten der Anlage ein Minimum betragen. Ein Verfahren zur Ermittlung des für diese Grenze in Frage kommenden *wirtschaftlichsten Luftgewichtes* soll zum Schluß gezeigt werden.

Die bei Dampfkraftanlagen, die mit künstlich belüfteten Kühlwerken arbeiten, aufzuwendenden Kosten setzen sich abgesehen von den Kosten für Anschaffung, Verzinsung und Amortisation, aus den Dampfkosten, den Kosten für die Kühlwasserförderung und den Kosten für die Luftförderung zusammen.

Die Kosten für Anschaffung, Verzinsung und Amortisation bleiben in jedem Fall annähernd gleich, unabhängig vom Luftgewicht, das durch den Kühler geschickt wird. Sie wechseln nur insofern, als bei Prüfung der Frage, mit welchem stdl. Luftgewicht gearbeitet werden soll, stets ein für die gewünschte Luftförderung passender Ventilator mit gutem Wirkungsgrad den Berechnungen zugrunde gelegt werden wird. Die Kosten für Anschaffung, Verzinsung und Amortisation des Ventilators werden also stets mit der Maschinengröße wechseln, doch sind die dadurch auftretenden Unterschiede in den Gesamtkosten für Anschaffung usw. vernachlässigbar klein, so daß diese Gesamtkosten der ganzen Anlage bei der Ermittlung des wirtschaftlichsten Luftgewichtes nicht berücksichtigt zu werden brauchen.

Entscheidend für die Feststellung des wirtschaftlichsten Reinluftgewichtes — es ist auch hier stets das beim Durchströmen des Kühlereinbaues unverändert bleibende Reinluftgewicht pro m² lichten Kühlwerksquerschnitt l kg/m²h eingesetzt — sind also die Dampfkosten k_D, die Kosten der Kühlwasserförderung k_w und die der Kühlluftförderung k_L. Wie die Ermittlung derselben durchzuführen ist, sei an Hand eines Rechnungsbeispieles im folgenden gezeigt. Hierbei ist eine graphische Darstellung von Vorteil, wie sie für den vorliegenden Fall in Abb. 25 durchgeführt ist. Diese graphische Darstellung bezweckt die Aufzeichnung der für jedes Reinluftgewicht l in Frage kommenden Kosten, und läßt den Punkt der geringsten Kosten, d. h. den Wert $l_{optimum}$ klar erkennen. Für die Ermittlung der Kosten sei angenommen, daß das zu untersuchende Kühlwerk einen lichten Querschnitt von $10\,m^2$ besitzt. Seine Einbaukennwerte C, r und s seien gleich denen des im Maschinenlaboratorium der Techn. Hochschule Charlottenburg untersuchten Versuchskühlers, so daß für die in ihm erzielbare Wasserrückkühlung gilt

$$\Delta\vartheta = 1{,}5\,\frac{\sqrt[2,4]{l}}{\sqrt[1,5]{w}}\,(\vartheta_2 - \tau_1)^{1,3} = c\,(\vartheta_2 - \tau_1)^{1,3}.$$

Die Höhenlage der Kühlzone ist mit

$$\vartheta_2 = \tau_1 + \sqrt[1,3]{\frac{\Delta\vartheta}{c}}$$

bzw.

$$\vartheta_1 = \vartheta_2 - \Delta\vartheta = \tau_1 - \Delta\vartheta + \sqrt[1,3]{\frac{\Delta\vartheta}{c}}$$

gegeben. Der Berechnung sei weiter zugrunde gelegt:

ein Frischluftzustand, gekennzeichnet durch eine feuchte Lufttemperatur $\tau_1 = 12^0$ C,

eine durch das Verhältnis des stdl. Dampfgewichtes zum stdl. Wassergewicht ($D/W = 1/55$) bedingte Kühlzonenbreite $\Delta\vartheta = 10^0$ C,

ein stdl. Wassergewicht $W = 30000$ kg/h bzw. $w = 3000$ kg/m²h.

Die Ermittlung der Dampfkosten k_D geschieht auf graphischem Wege ähnlich, wie dies Geibel in seiner Forschungsarbeit über Kaminkühler bei Ermittlung der wirtschaftlichsten Regenhöhe[1]) ausgeführt hat. Im Diagramm 1 der Abb. 25 ist die Abhängigkeit der Temperatur ϑ_1 des aus dem Kühler ablaufenden Wassers vom Reinluftgewicht l dargestellt. Diese Temperatur ist angenähert gleich der Temperatur des in den Kondensator eintretenden Wassers und errechnet sich im vorliegenden Beispiel zu

$$\vartheta_1 = \tau_1 - \Delta\vartheta + \sqrt[1,3]{\frac{\Delta\vartheta}{c}} = 12 - 10 + \sqrt[1,3]{\frac{10}{1{,}5\,\dfrac{\sqrt[2,4]{l}}{\sqrt[1,5]{w}}}}.$$

Für $w = 3000$ kg/m²h ist $\sqrt[1,5]{w} \cong 208$, so daß sich ergibt:

$$\vartheta_1 = 2 + \sqrt[1,3]{\frac{1388}{\sqrt[2,4]{l}}}.$$

Dementsprechend wird für

$l =$	1000	2000	4000	6000	8000 kg/m²h
$\vartheta_1 =$	30,6	24,8	20,4	18,2	16,6^0 C

Diagramm 2 der Abb. 25 bringt die Abhängigkeit des Dampfverbrauches d für 1 kWh von der Temperatur des in den Kondensator eintretenden Kühlwassers, die ja nach früherem mit hinreichender Genauigkeit gleich der Temperatur ϑ_1 des aus dem Kühler ablaufenden Wassers gesetzt werden kann, zur Darstellung, wobei die darin enthaltenen Werte $d = f(\vartheta_1)$ zur Durchführung des Rechnungsbeispieles angenommen sind. Diagramm 3 stellt die Dampfkosten für 1000 kWh in Funktion

---

[1]) Geibel, Forschungsarbeiten, Heft 242.

des Dampfverbrauchs pro kWh dar und ist unter Annahme eines Preises von 2 M. für 1 t Dampf entstanden. Diagramm 4 endlich enthält die Kurve der Dampfkosten k_D für 1000 kWh in Abhängigkeit vom Reinluftgewicht l kg/m²h, das durch den Kühler geschickt wird. Diese Kurve entsteht durch punktweise Übertragung der Kurve des Diagramms 1 in das Diagramm 4 (wie angedeutet auf dem Wege a—b—c—d—e).

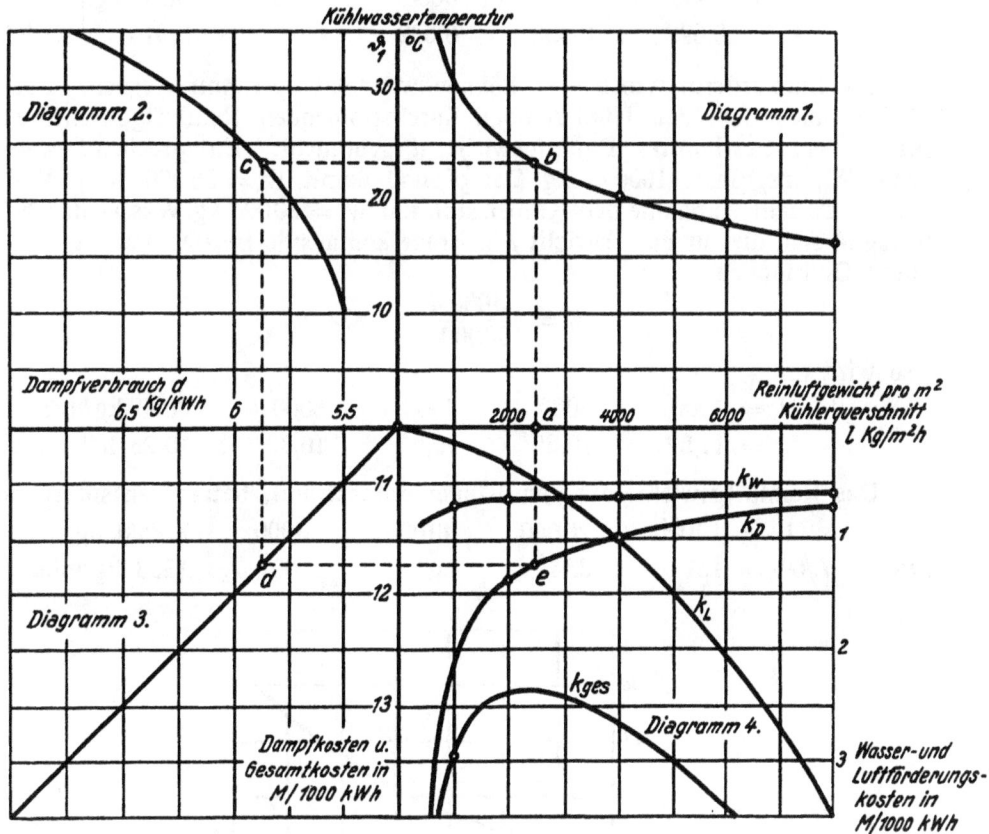

Abb. 25. Ermittlung des wirtschaftlichsten Luftgewichtes
für $\tau_1 = 12$ °C
$\varDelta \vartheta = 10$ °C.

Die Kosten der Wasserförderung k_w errechnen sich folgendermaßen: Zu einem bestimmten, den Kühler durchströmenden Reinluftgewicht l gehört eine bestimmte Kühlwasserablauftemperatur ϑ_1 ° C (s. Diagramm 1 der Abb. 25), die ihrerseits wieder einen bestimmten Dampfverbrauch d für 1 kWh bedingt. Wird durchweg mit 55facher Kühlwassermenge gearbeitet, so ergeben sich die für 1000 kWh erforderlichen Kühlwassergewichte zu

$$W' = 55 \cdot d \cdot 1000 \text{ (in kg) bzw.} = 55 \cdot d \cdot \text{(in m}^3\text{).}$$

Ist also

l =	1000	2000	4000	6000	8000 kg/m²h

so wird

d =	6,3	5,93	5,75	5,66	5,61 kg/kWh

und

W' =	346	326	316	311	308 m³/1000 kWh.

Angenommen, die Förderung von 1 m³ Wasser kostet 0,2 Pf., so betragen die insgesamt für 1000 kWh aufzuwendenden Wasserförderungskosten k_w in jedem Fall

$$k_w = \frac{W' \cdot 0,2}{100} \text{ M./1000 kWh.}$$

Dann ist für

$l =$	1000	2000	4000	6000	8000 kg/m²h
$k_w =$	0,692	0,652	0,632	0,622	0,616 M./1000 kWh.

Die Luftförderungskosten k_L können wie folgt bestimmt werden. Für 1 kWh wird je nach dem den Kühlereinbau durchströmenden Reinluftgewicht, wie oben gezeigt, ein bestimmtes Dampfgewicht d gebraucht. Entsprechend werden für 1000 kWh insgesamt $1000 \cdot d$ kg Dampf und damit $W = 55000 \cdot d$ kg Wasser benötigt. Da laut Annahme den Kühler stdl. nur $W = 30000$ kg Wasser durchströmen, so ergibt sich die für das Gewicht l in Frage kommende Betriebszeit (für 1000 kWh) durch Division zu

$$t_B = \frac{55000\, d}{30000} = 1,832 \cdot d;$$

also wird für

$l =$	1000	2000	4000	6000	8000 kg/m²h
$t_B =$	11,52	10,86	10,52	10,38	10,28 h/1000 kWh.

Das Reinluftgewicht, das den Kühler durchströmt, beträgt entsprechend

$L =$	10000	20000	40000	60000	80000 kg/h
bzw. $L/60 =$	167	334	667	1000	1333 kg/min.

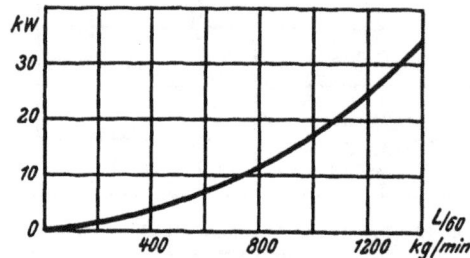

Abb. 26. Kraftbedarf der Luftförderung.

Zur Förderung dieses Reinluftgewichtes $L/60$ kg/min sind in der Annahme der Gültigkeit der in Abb. 26 verzeichneten Kraftbedarfskurve aufzuwenden:

entsprechend $l =$	1000	2000	4000	6000	8000 kg/m²h
$N =$	1,2	2,8	8,1	17	30,2 kW.

Für 1000 kWh sind demnach erforderlich $n = N \cdot t_B$ kWh, also entsprechend

$l =$	1000	2000	4000	6000	8000 kg/m²h
$n =$	13,83	30,4	85,4	176,2	310 kWh

oder unter Berücksichtigung eines Dampfverbrauches von d kg/kWh:

$$D = d \cdot n \text{ kg Dampf,}$$

also	$D =$	87,1	180,2	491	998	1740 kg Dampf.

Da 1 t Dampf laut Annahme 2 M. kostet, betragen demnach die Luftförderungskosten für 1000 kWh:

$$k = 0,1742 \qquad 0,3604 \qquad 0,982 \qquad 1,996 \qquad 3,48 \text{ M./1000 kWh.}$$

Die Kurve der Gesamtkosten k_{ges} (Dampfkosten, Wasser- und Luftförderungskosten) entsteht schließlich durch Addition der einzelnen Kostenkurven, wobei in jedem Fall

$$k_{ges} = k_D + k_w + k_L \text{ M./1000 kWh}$$

beträgt. Der Punkt der geringsten Gesamtkosten ergibt das wirtschaftlichste Reinluftgewicht $l_{optimum}$, das sich hier zu 2200 kg/m²h ergibt.

Selbstverständlich sind die erhaltenen Ergebnisse zahlenmäßig nicht absolut richtig, da mir genaue Zahlenwerte, wie sie die ausführenden Firmen besitzen, nicht zur Verfügung stehen. Immerhin legt das durchgeführte Beispiel das Verfahren klar, nach dem ähnliche Rechnungen in der Praxis durchzuführen sind. Würden die im Rechnungsbeispiel gemachten Annahmen zutreffen, so ergäbe sich als wirtschaftlichstes durchströmendes Reinluftgewicht $l_{optimum}$ ein Wert l, der im allgemeinen auch ohne künstlichen Zug, also nur durch natürlichen Auftrieb in Kaminkühlern erreicht wird. Das würde bedeuten, daß vom Standpunkt der Wirtschaftlichkeit eine Ventilatorkühlung im vorliegenden Falle keinen Wert besäße und nur bei Raummangel anzuwenden wäre.

ANHANG

Anlage 2.
Versuchskühler.

Anlage 3.
Schnitt durch 2 Lattenlagen des Versuchskühlers.

48

Anlage 4.

Kurventafel 1: Verlauf der Luft- und Wassertemperaturen im Einbau
bei $w = 6510$ kg/m² h
und $l = 9040$,,

Anlage 4.

Kurventafel 2: Verlauf der Luft- und Wassertemperaturen im Einbau
bei $w = 6510$ kg/m³ h
und $l = 6060$,,

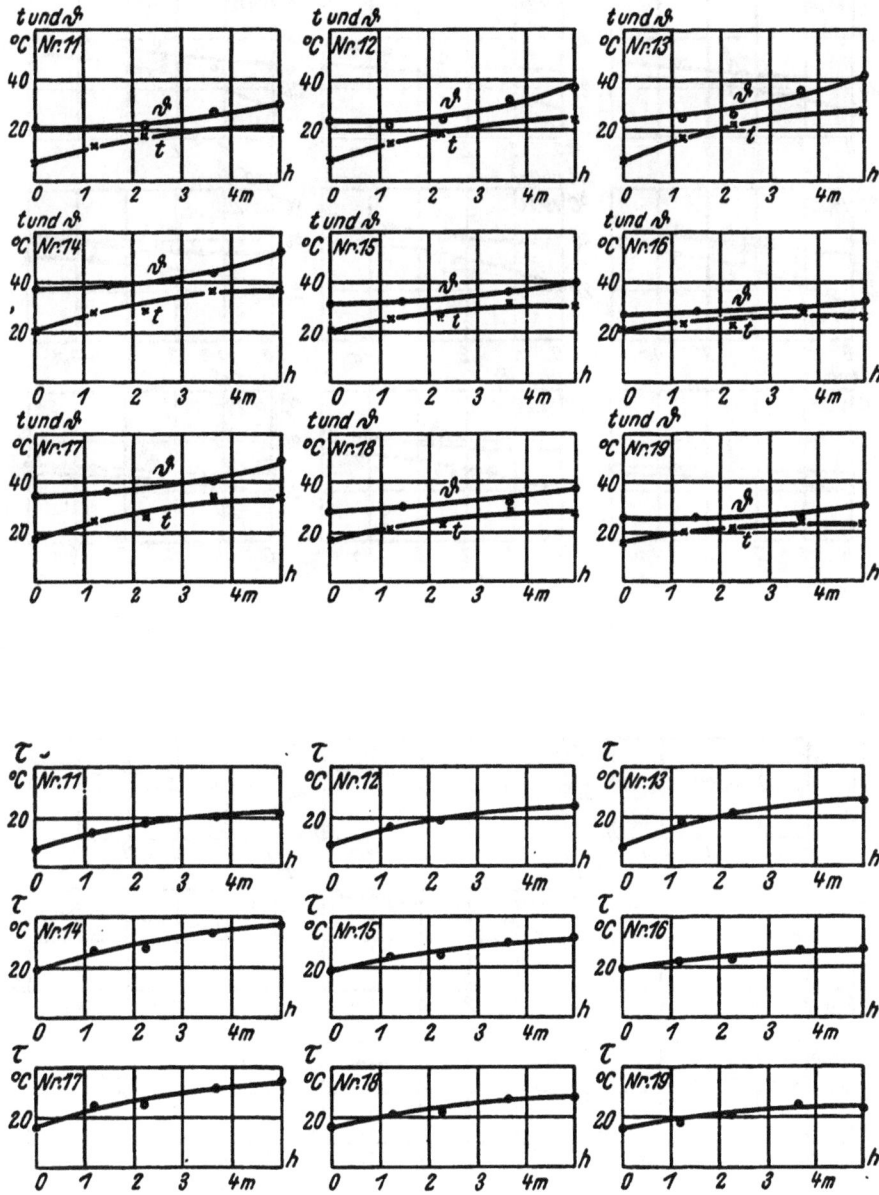

50

Anlage 4.

Kurventafel 3: Verlauf der Luft- und Wassertemperaturen im Einbau
bei $w = 6510$ kg/m² h
und $l = 3440$ „

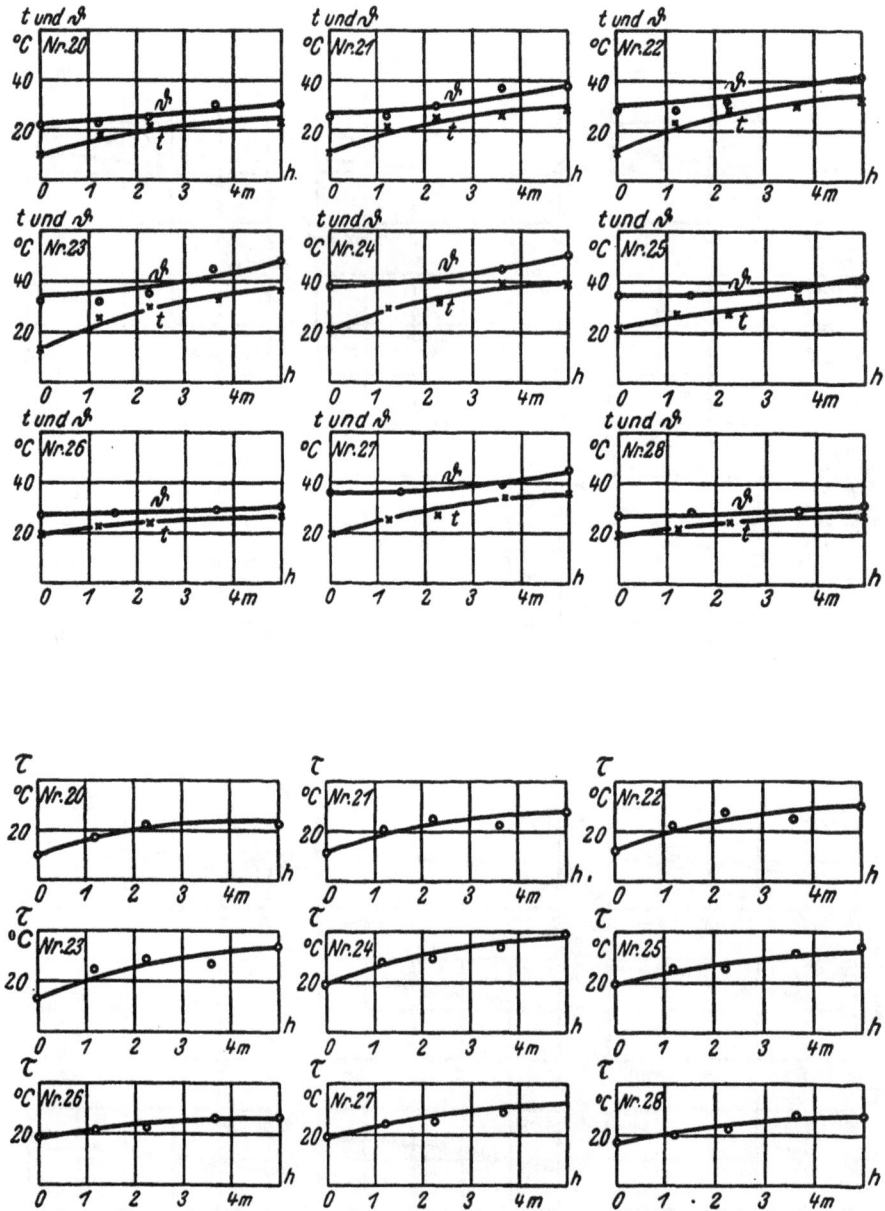

Anlage 5.

Kurventafel 4: $\vartheta - t$ und $x'' - x = f(h)$ bei $w = 6510$ kg/m² h
und $l = 9040$,,

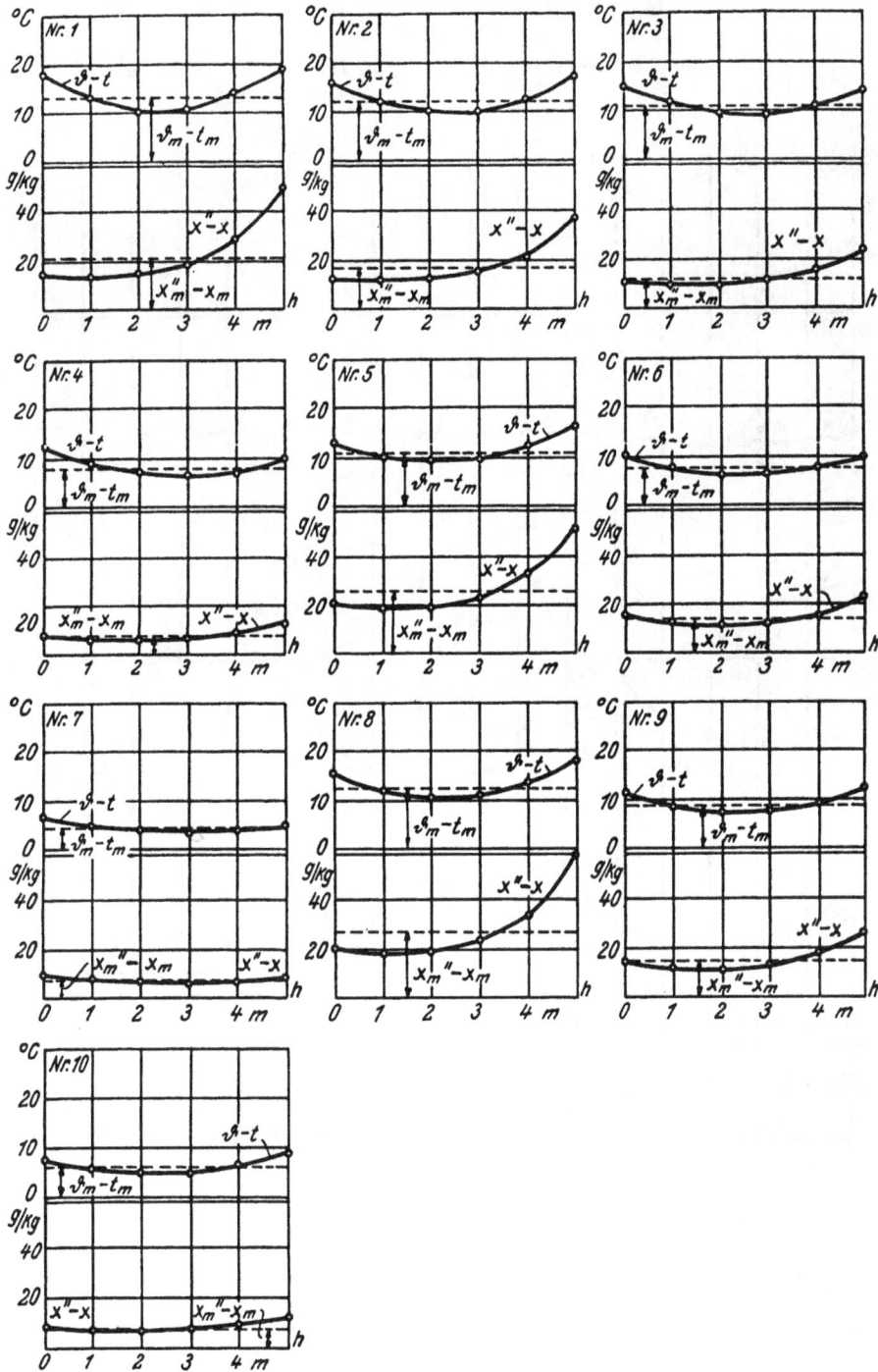

52

Kurventafel 5: $\vartheta - t$ und $x'' - x = f(h)$ bei $w = 6510$ kg/m² h

und $l = 6060$,,

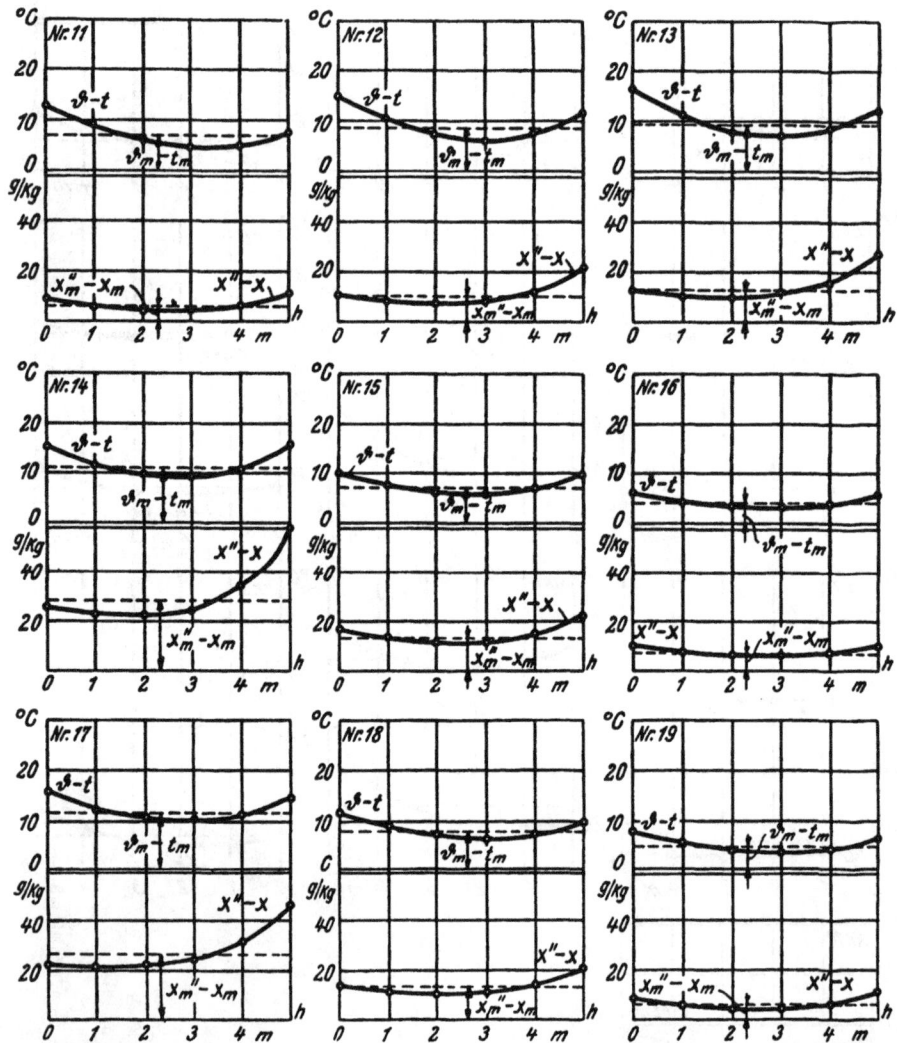

Anlage 5.

Kurventafel 6: $\vartheta - t$ und $x'' - x = f(h)$ bei $w = 6510$ kg/m² h

und $l = 3440$ „

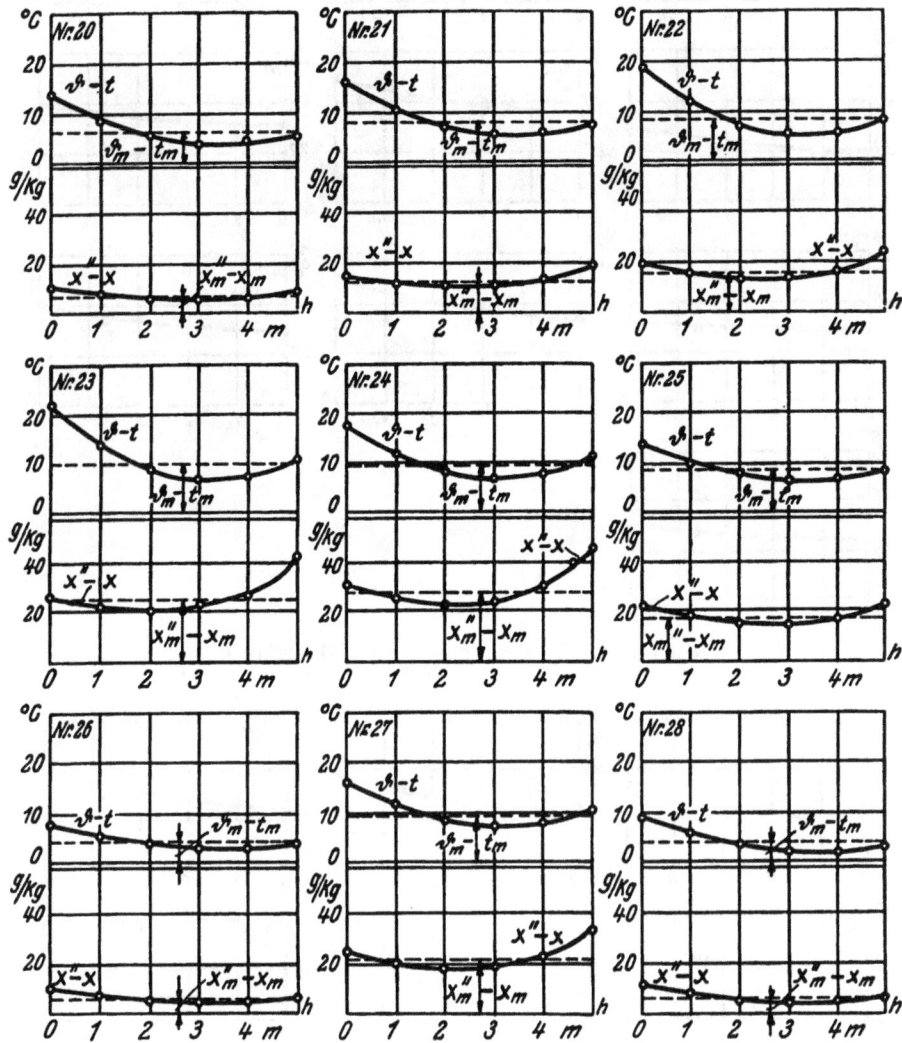

54

Kurventafel 7: $\vartheta = f(h)$ bei $w = 6510\ \text{kg/m}^2\ \text{h}$
und $l = 9040$ „

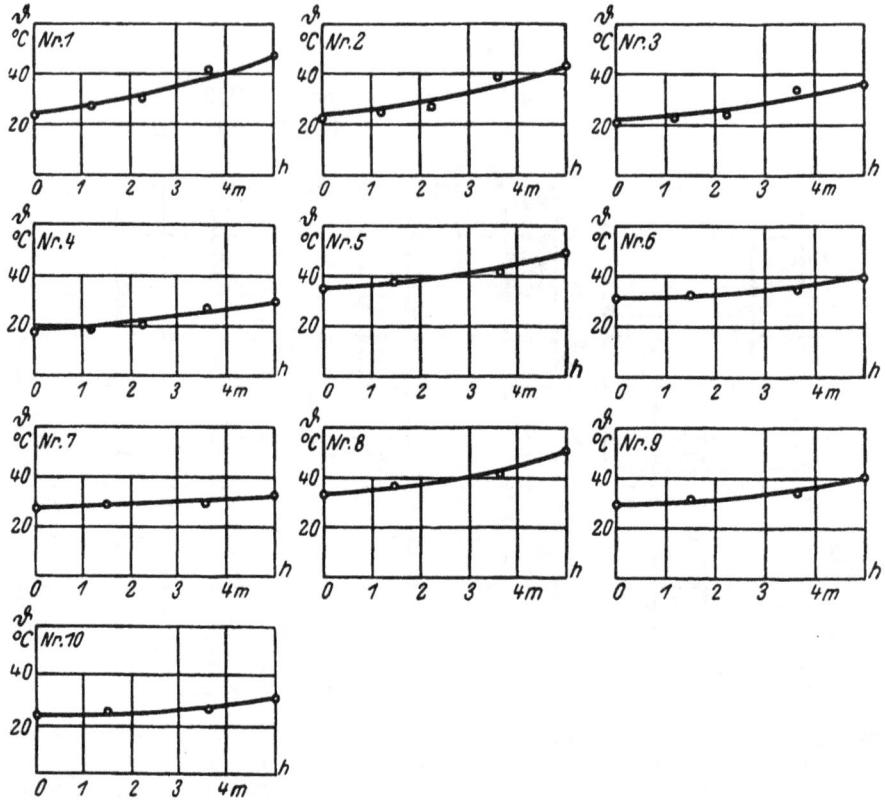

Kurventafel 8: $\vartheta = f(h)$ bei $w = 6510\ \text{kg/m}^2\ \text{h}$
und $l = 6060$ „

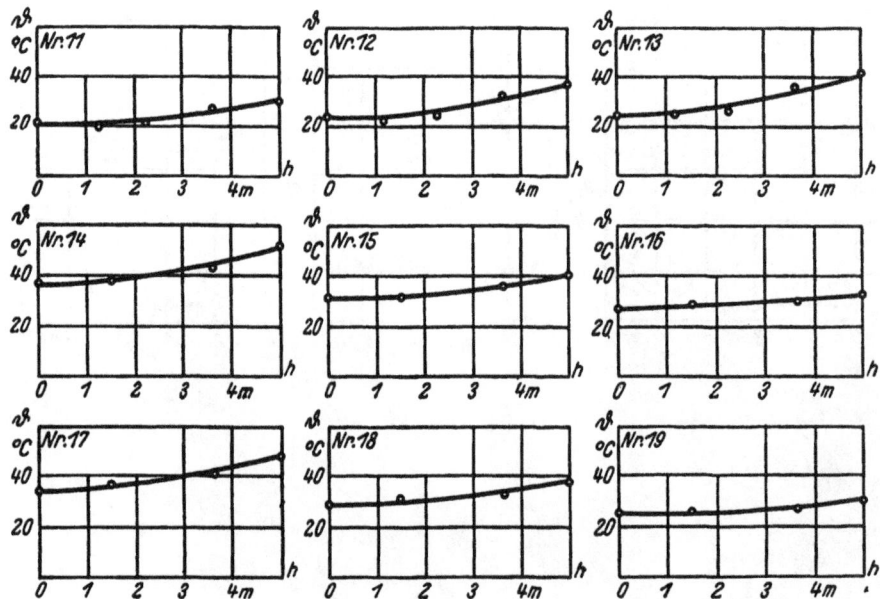

Anlage 6:
Kurventafel 9: $\vartheta = f(h)$ bei $w = 6510 \text{ kg/m}^2\text{ h}$
und $l = 3440$,,

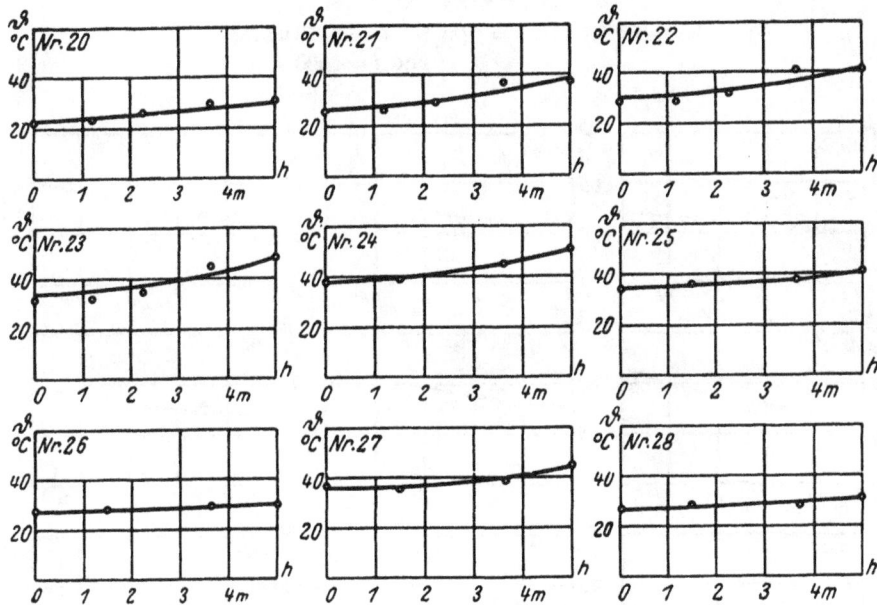

Kurventafel 11: $\vartheta = f(h)$ bei $w = 5070 \text{ kg/m}^2\text{ h}$
und $l = 6060$,,

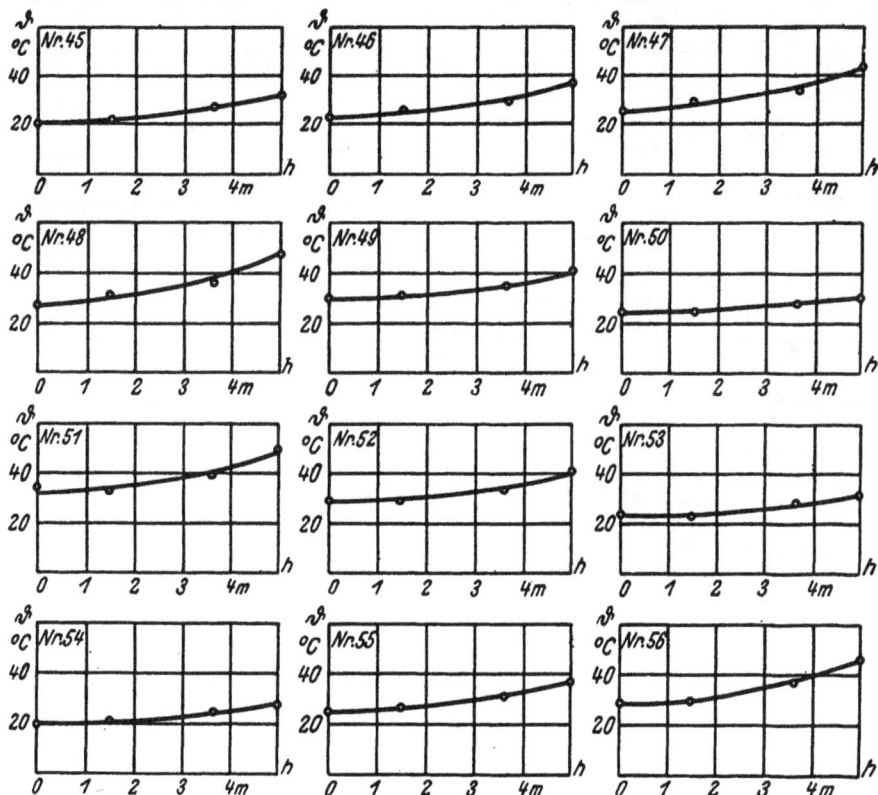

Anlage 6.

Kurventafel 10: $\vartheta = f(h)$ bei $w = 5070 \text{ kg/m}^2\text{h}$
und $l = 8690$,,

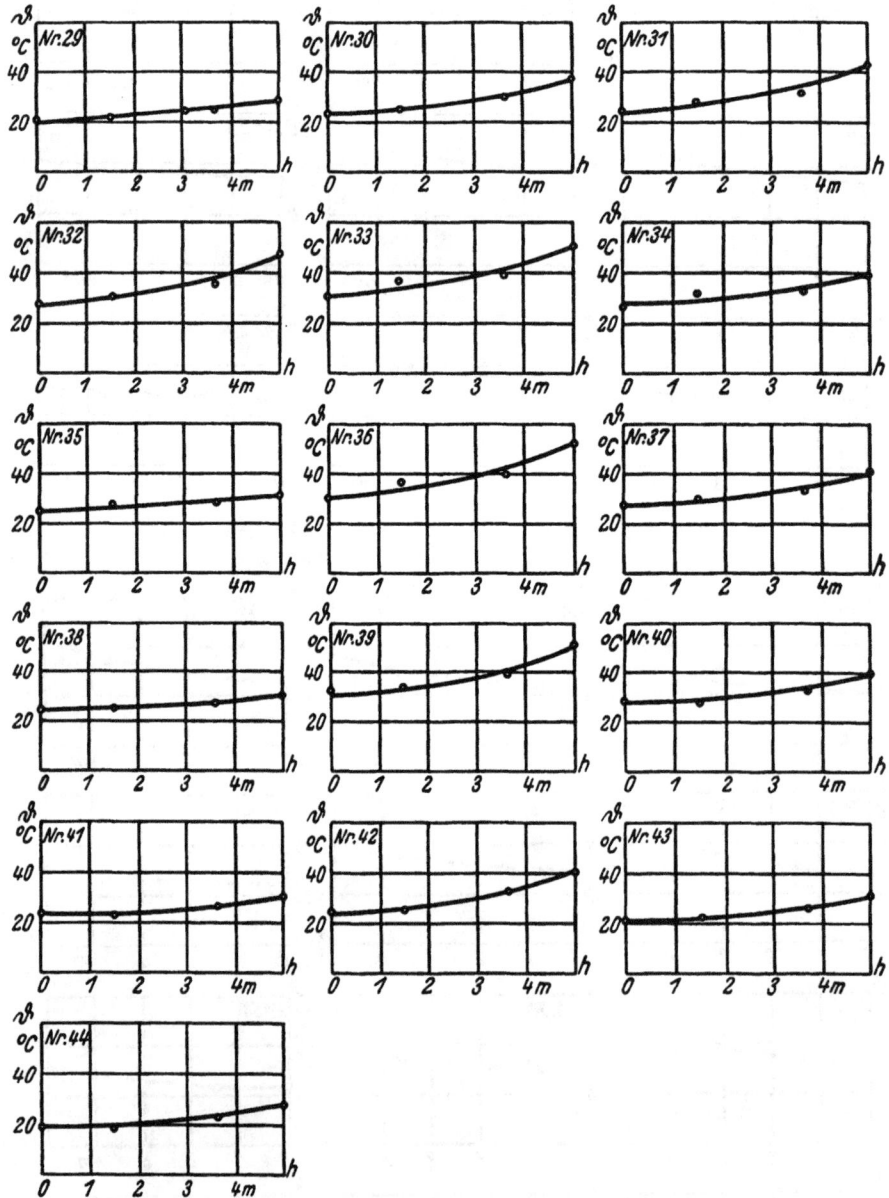

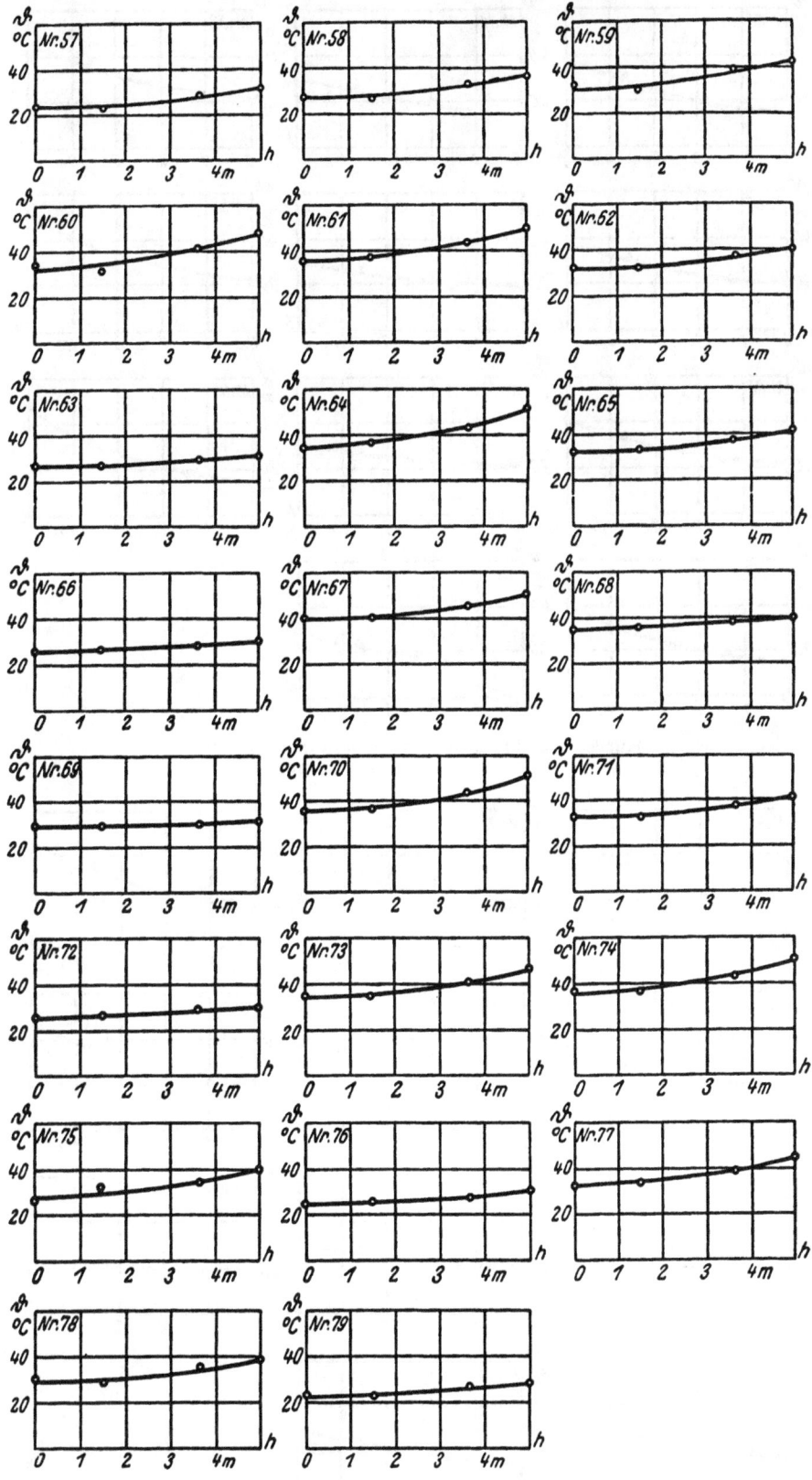

Anlage 6.

Kurventafel 13: $\vartheta = f(h)$ bei $w = 3080$ kg/m² h
und $l = 8690$,,

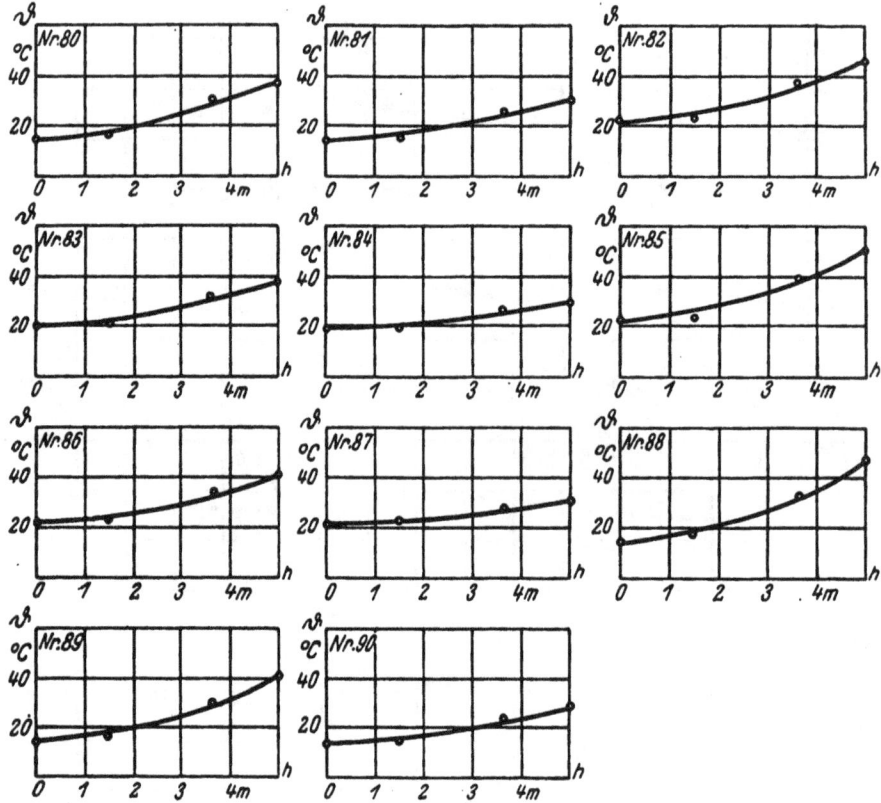

Kurventafel 14: $\vartheta = f(h)$ bei $w = 3080$ kg/m² h
und $l = 6060$,,

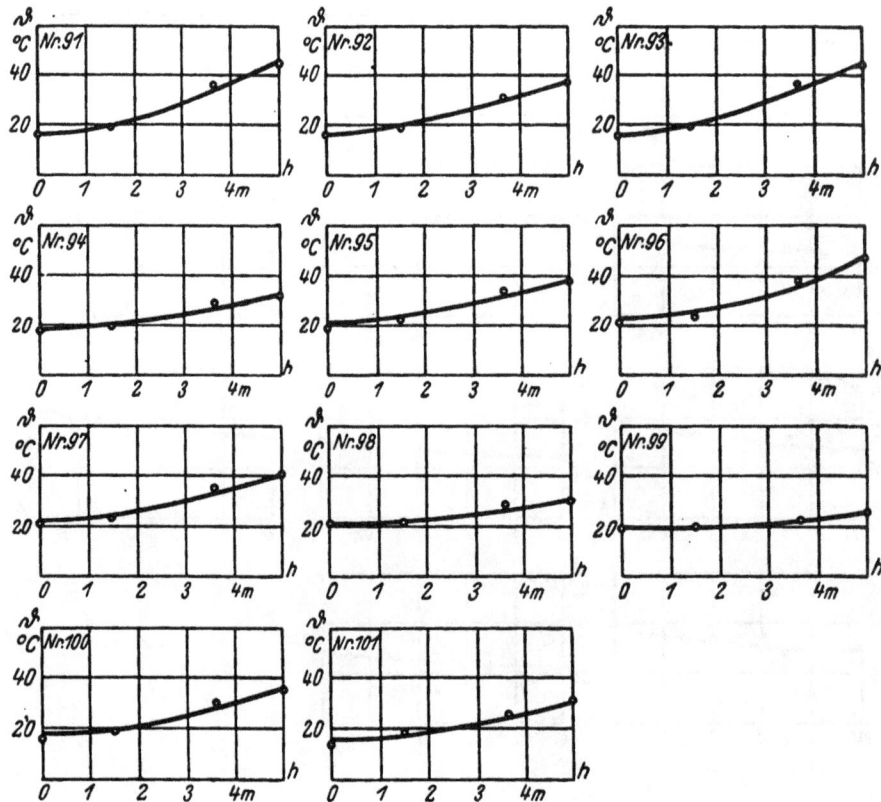

Anlage 6.

Kurventafel 15: $\vartheta = f(h)$ bei $w = 3080\ \text{kg/m}^2\,\text{h}$
und $l = 3620$,,

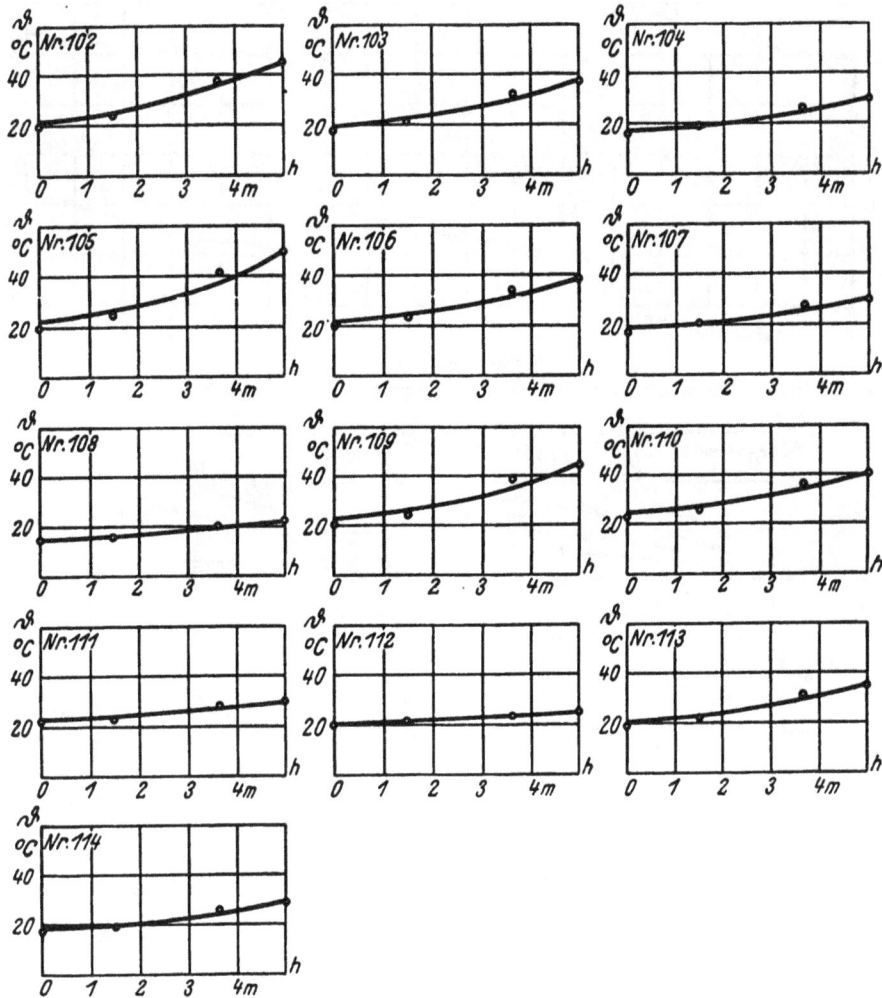

Anlage 6.

Kurventafel 16: $\vartheta = f(h)$ bei $w = 1810\ \mathrm{kg/m^2\,h}$

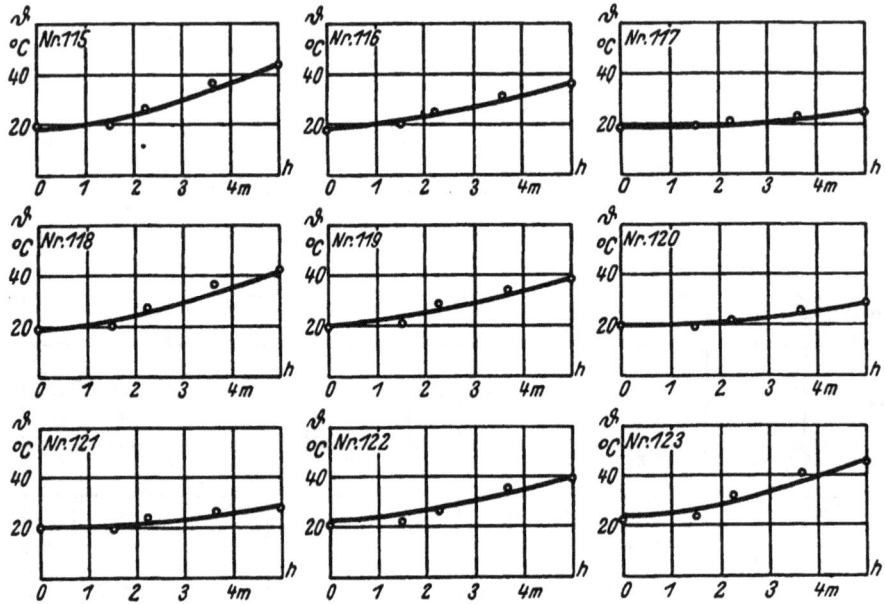

Anlage 7.

Kurventafel 17: Versuchsergebnisse von Merkel

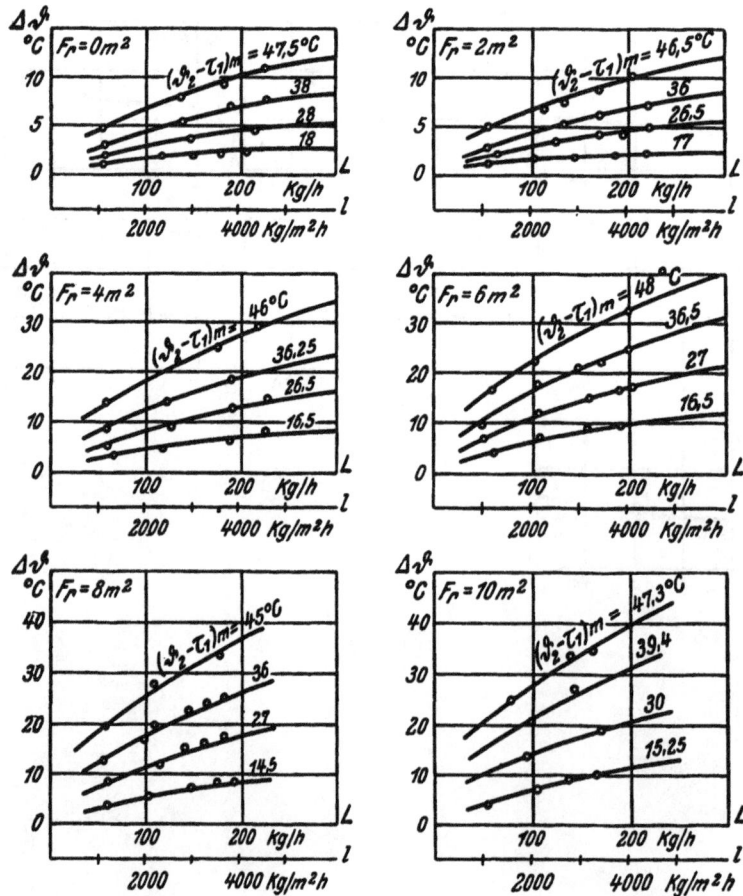

Anlage 8.

Kurventafel 18: Versuchsergebnisse von Merkel

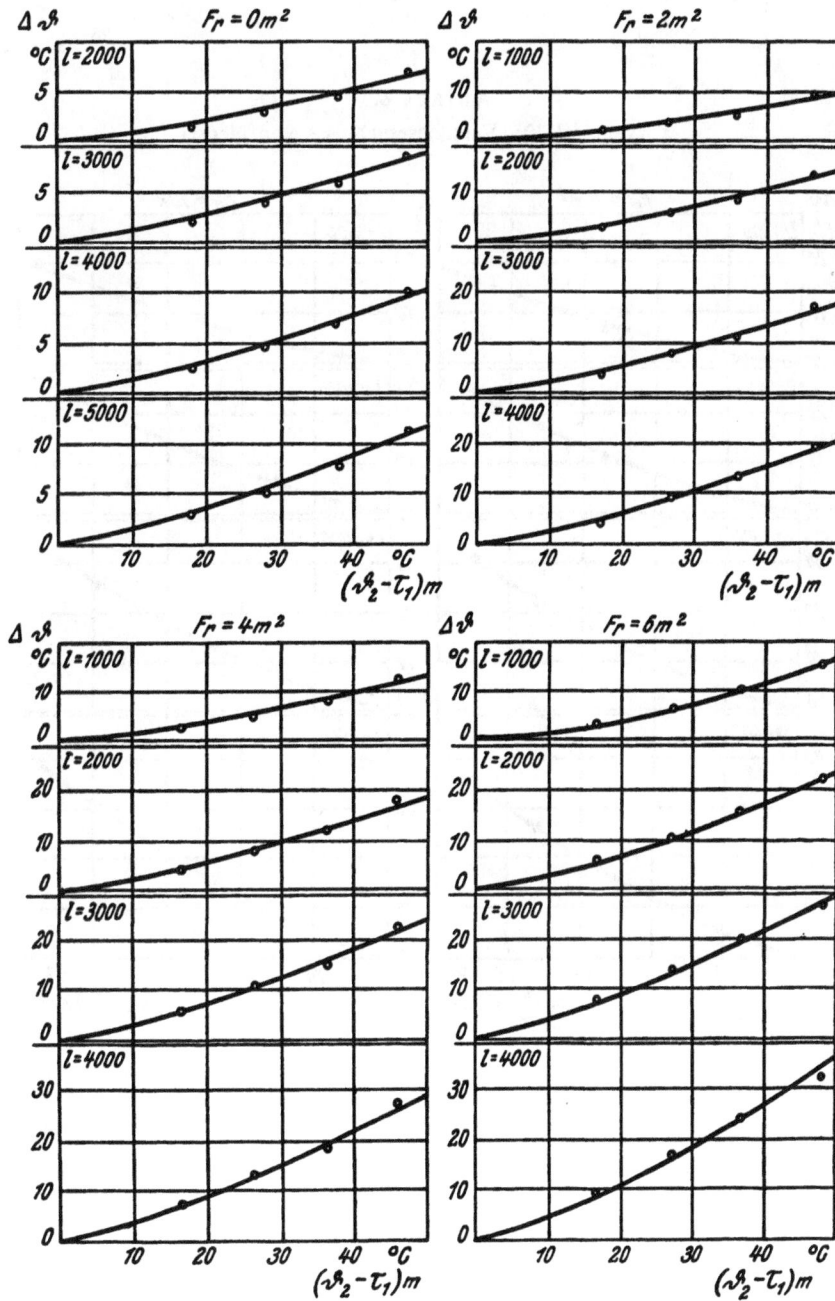

Anlage 8.

Kurventafel 19: Versuchsergebnisse von Merkel

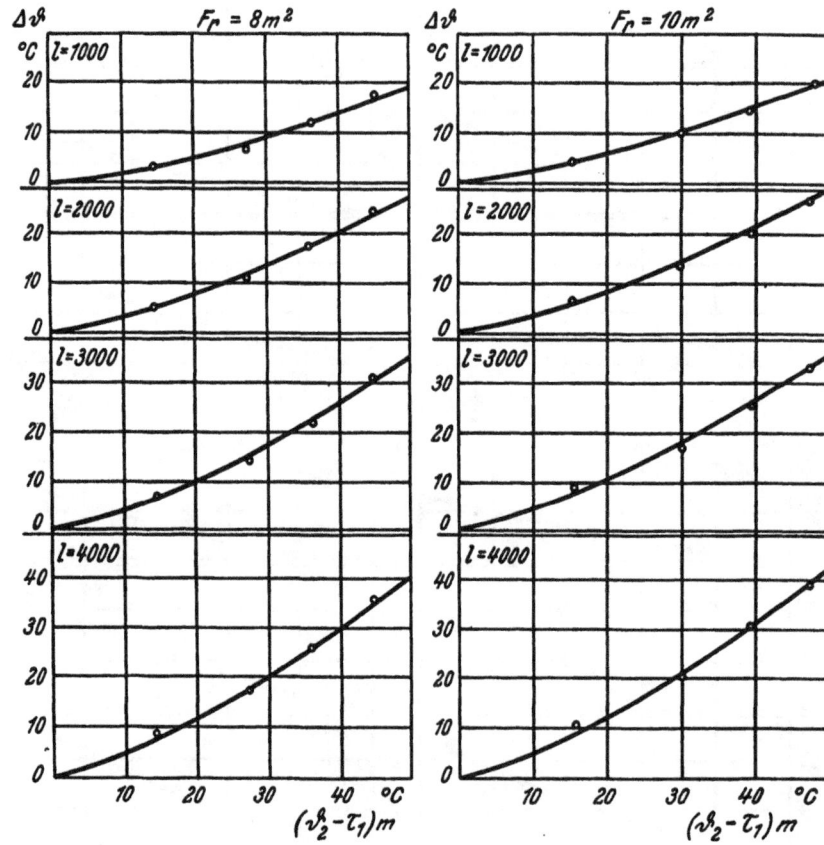

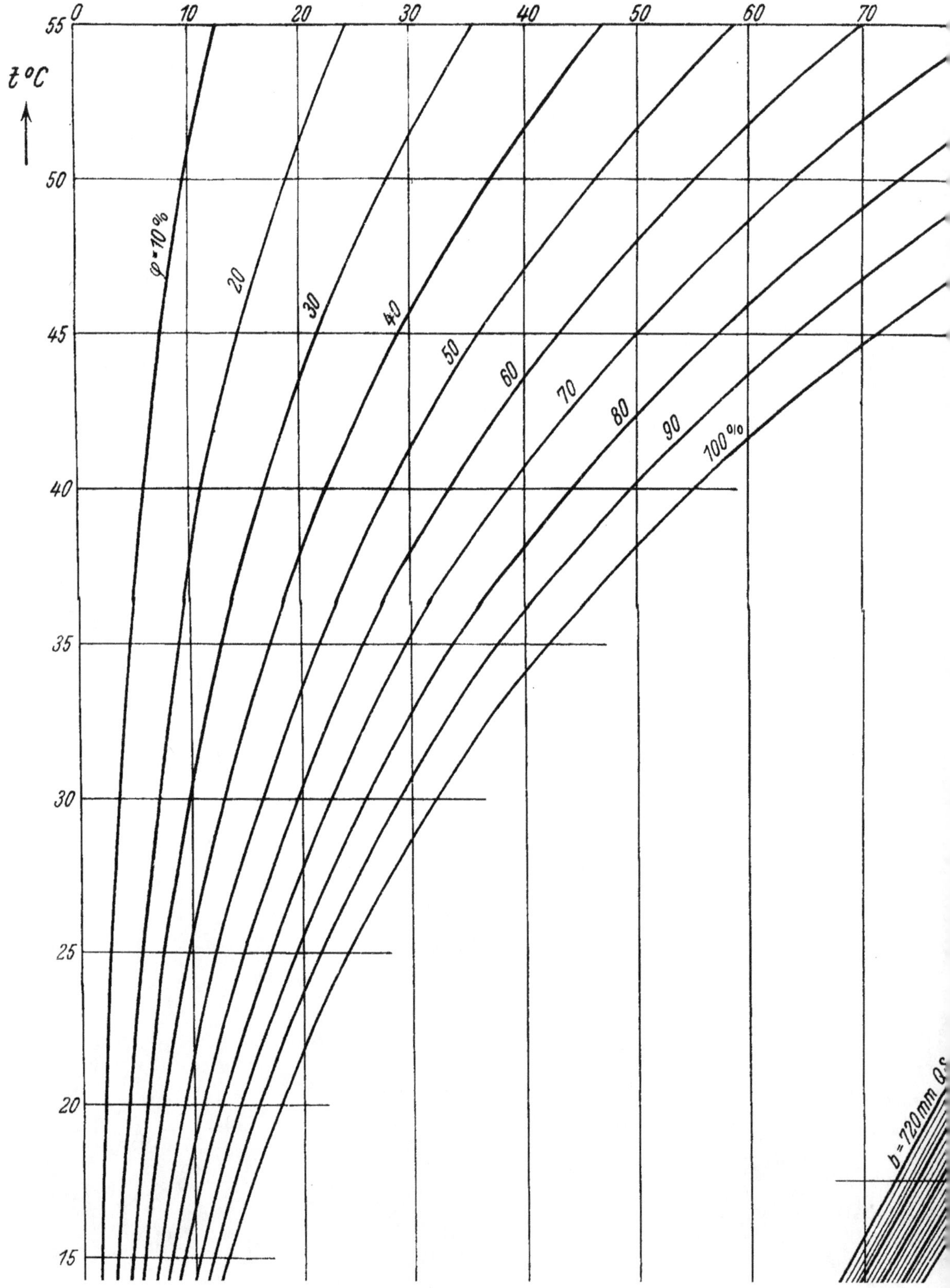

t °C
0
10
20
30
40
50
60
70
55
50
45
40
35
30
25
20
15
φ = 10 %
20
30
40
50
60
70
80
90
100 %
b = 720 mm QS

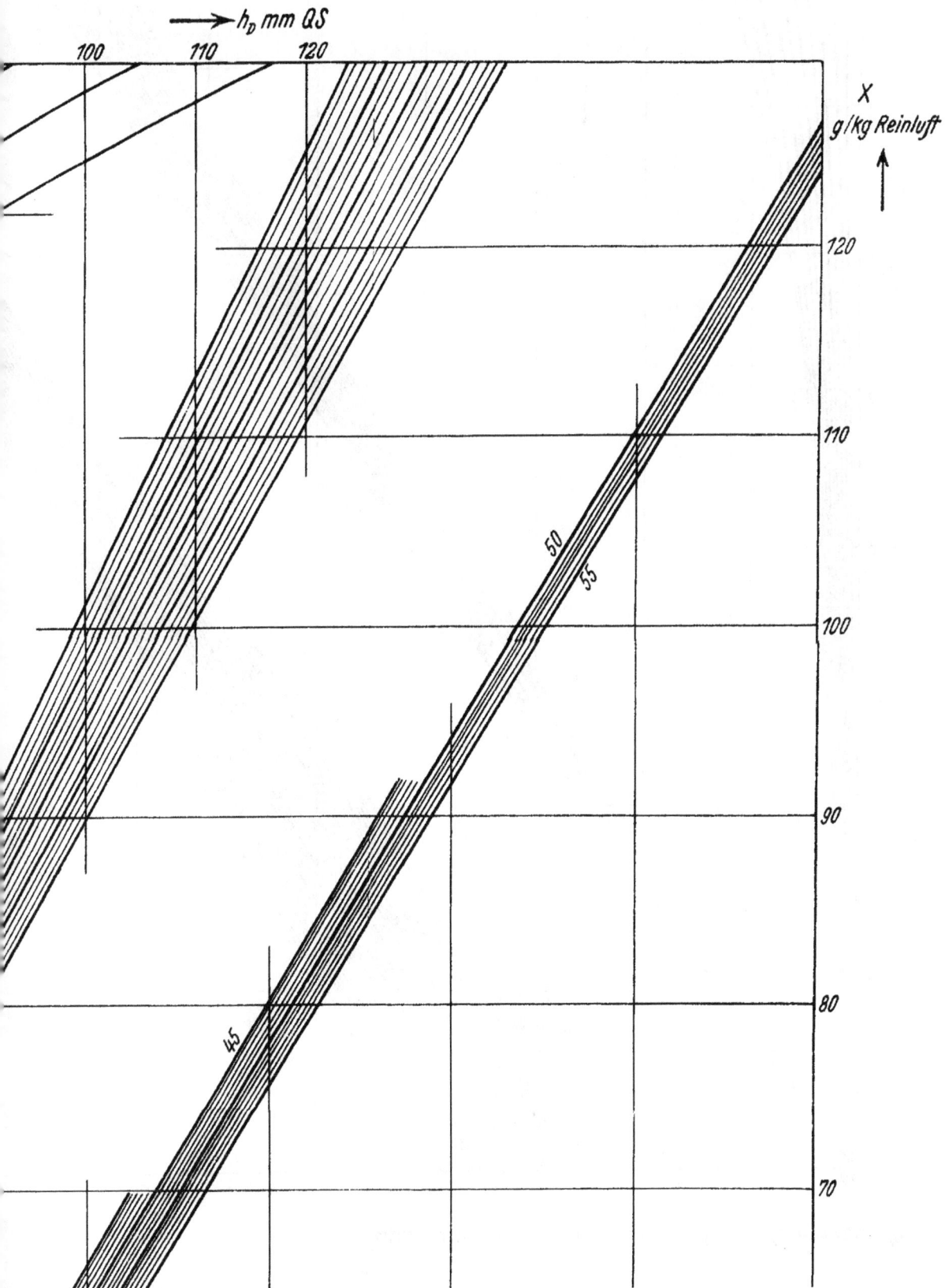

$\longrightarrow h_p \, mm \, QS$

100   110   120

X
$g/kg \, Reinluft$

120

110

50

55

100

90

45

80

70

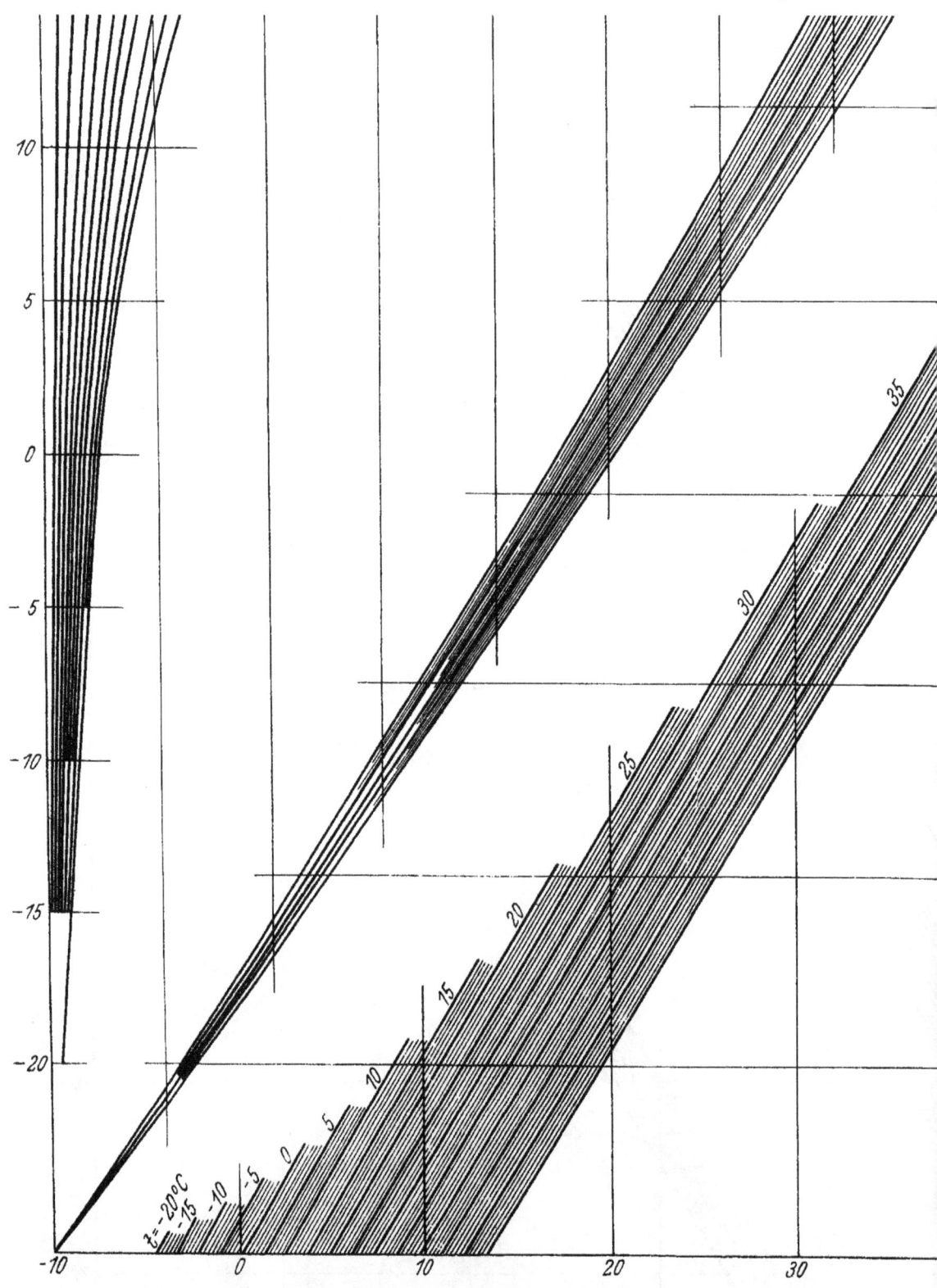

Wolff, Untersuchungen über die Wasserrückkühlung in künstlich belüfteten Kühlwerken

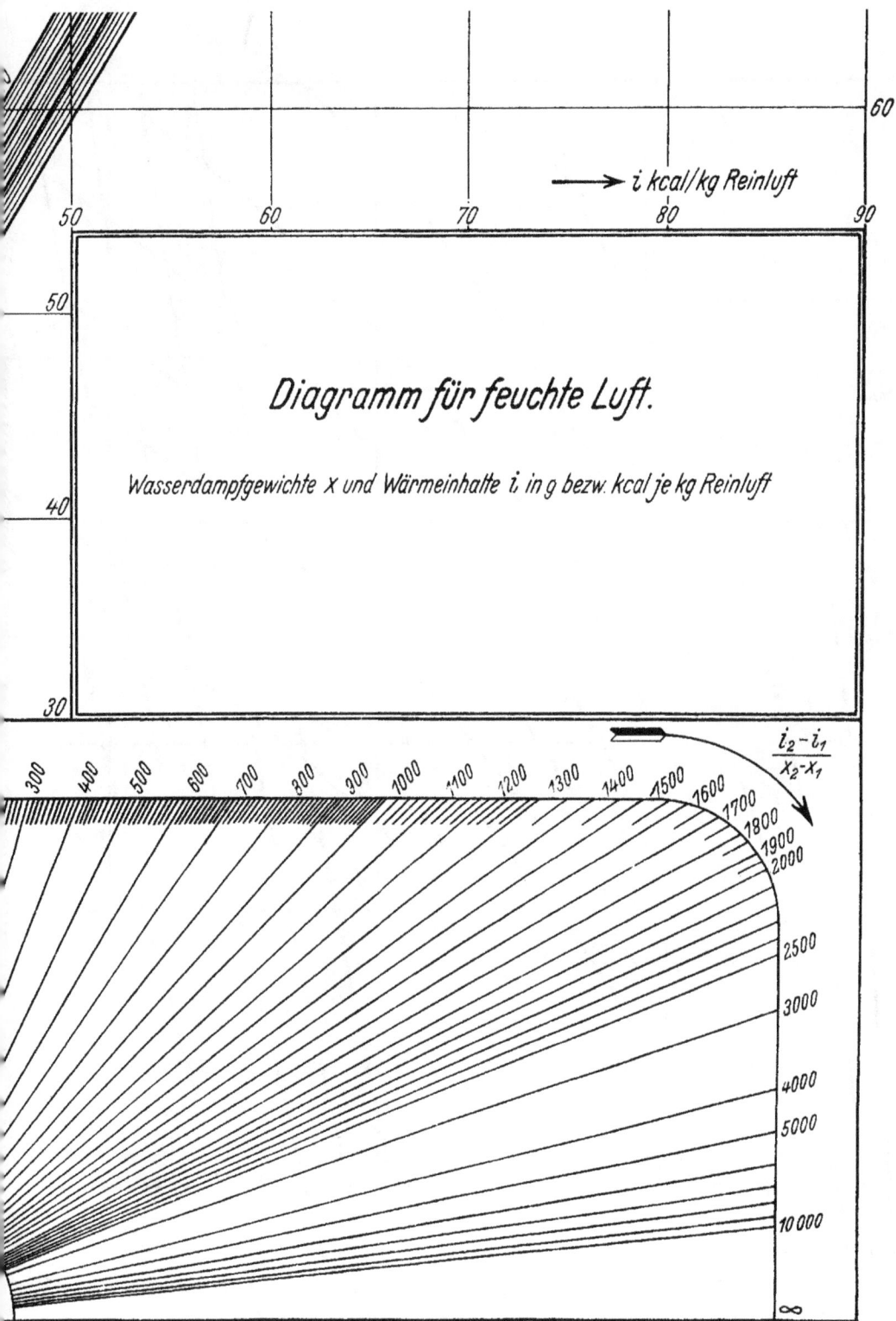

i kcal/kg Reinluft

Diagramm für feuchte Luft.

Wasserdampfgewichte X und Wärmeinhalte i, in g bezw. kcal je kg Reinluft

$$\frac{i_2 - i_1}{x_2 - x_1}$$

Verlag von R. Oldenbourg, München u. Berlin 1928 .

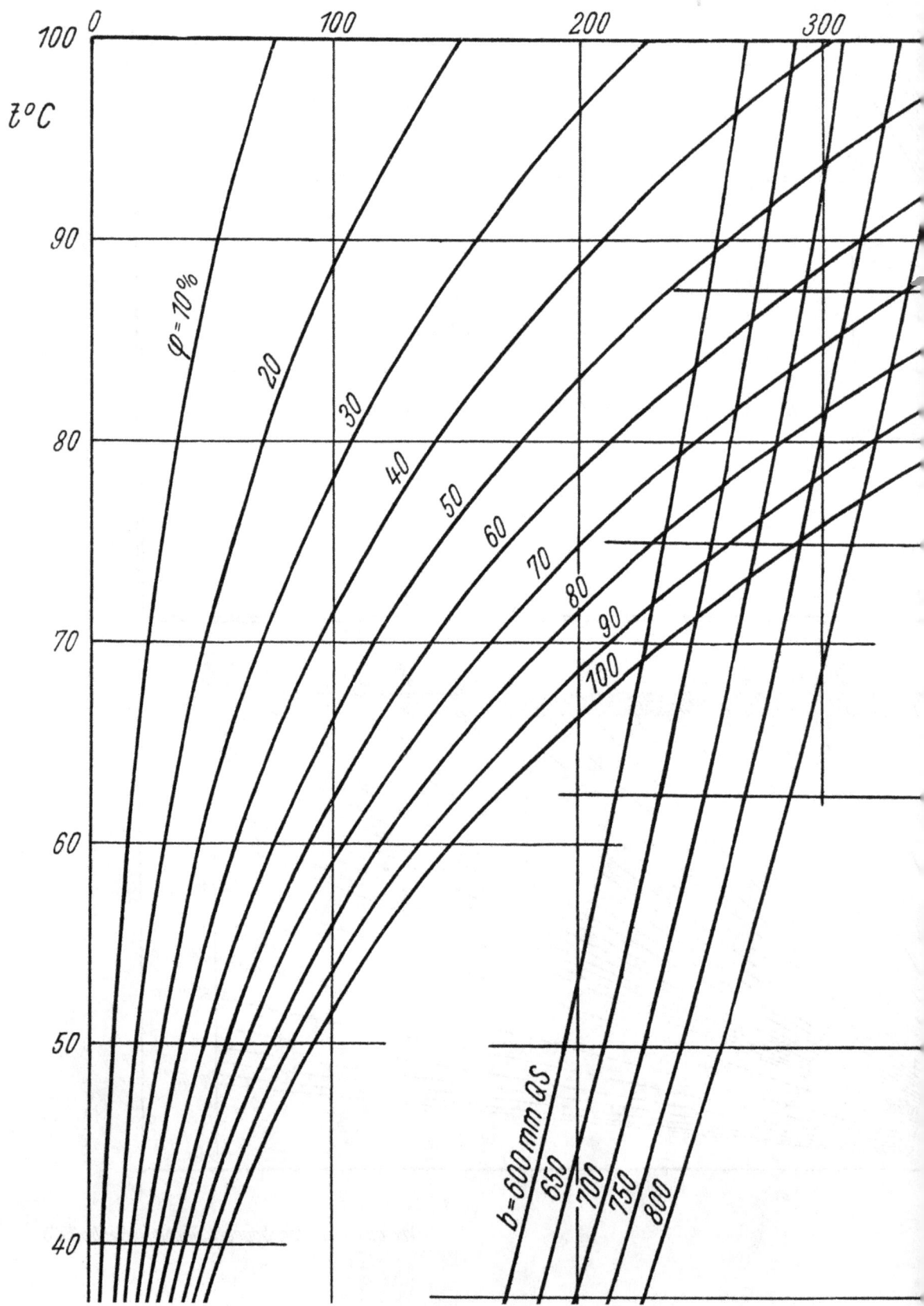

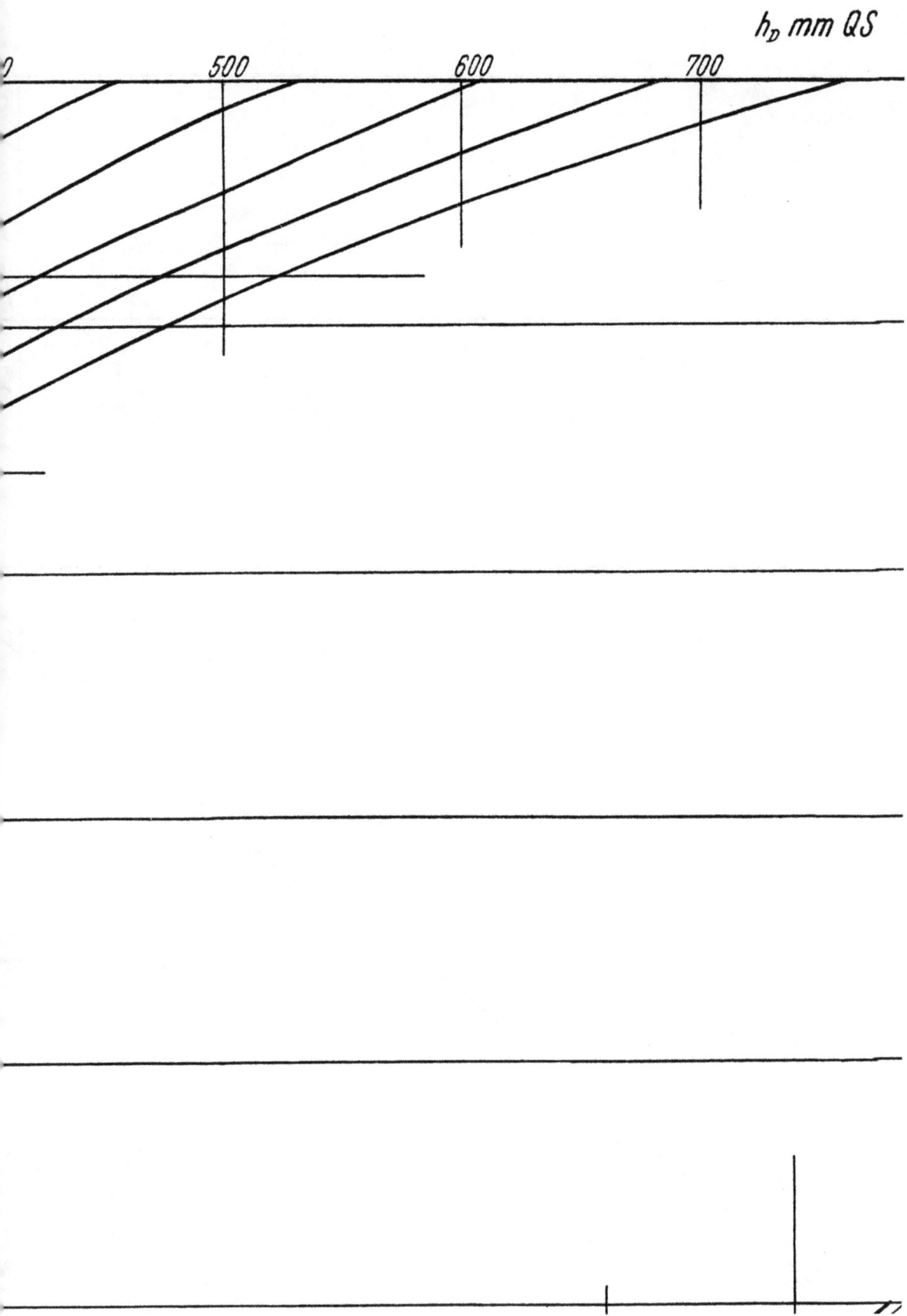

h_D mm QS

500   600   700

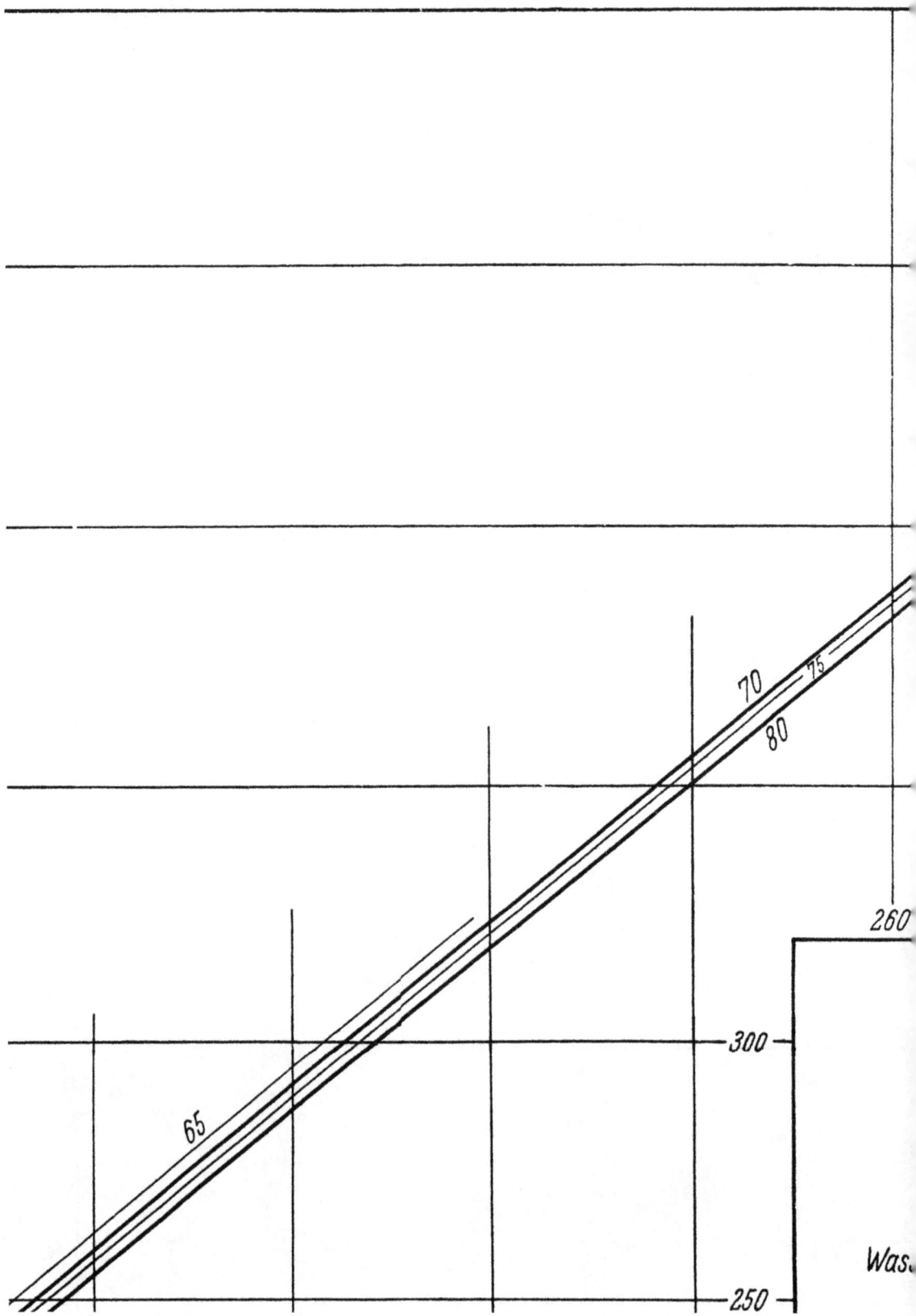

70   75

80

260

300

65

Was.

250

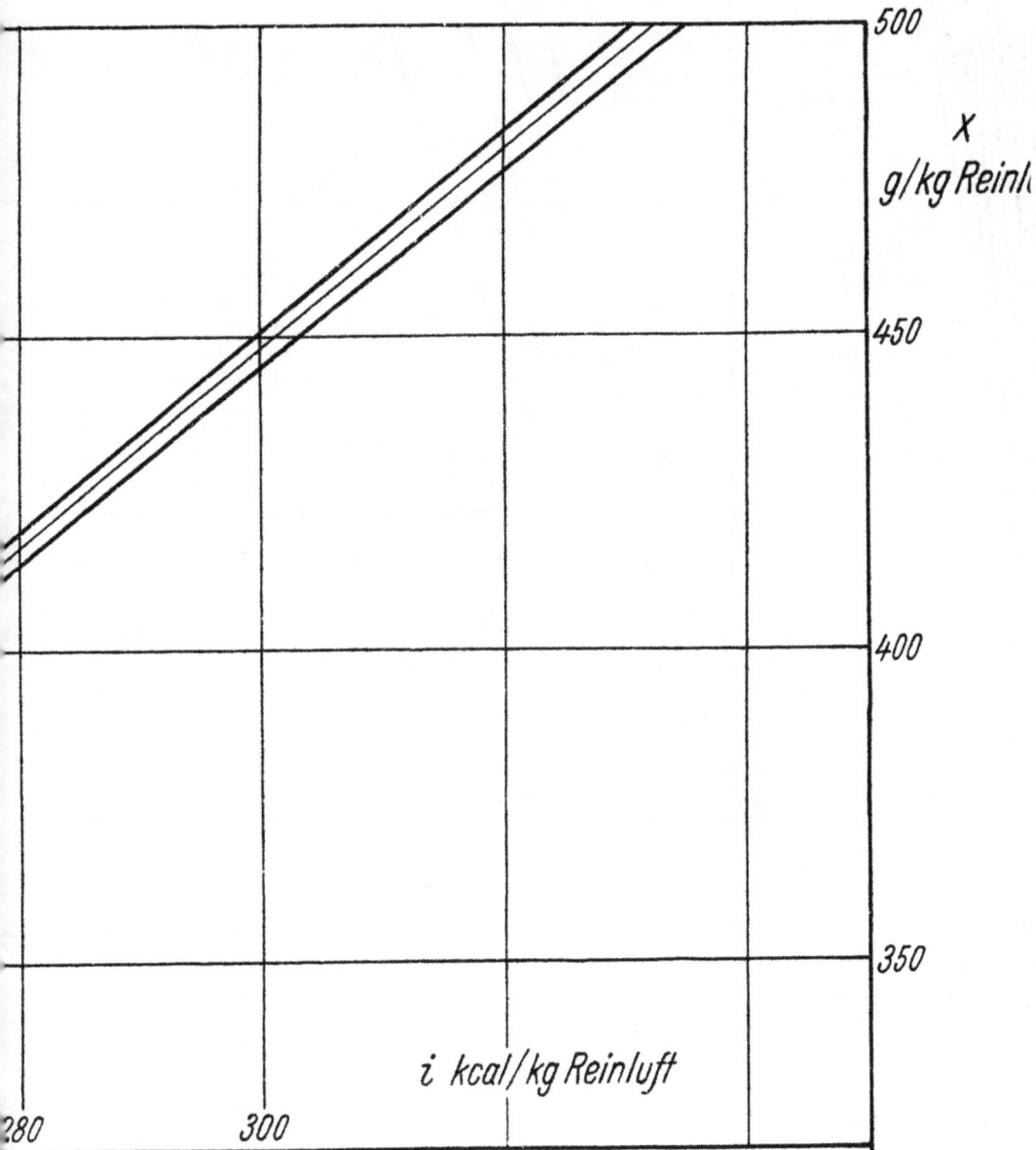

500

X
g/kg Reink

450

400

350

i kcal/kg Reinluft

280   300

...agramm für feuchte Luft.

...te X und Wärmeinhalte *i* in g bezw. kcal je kg Reinluft

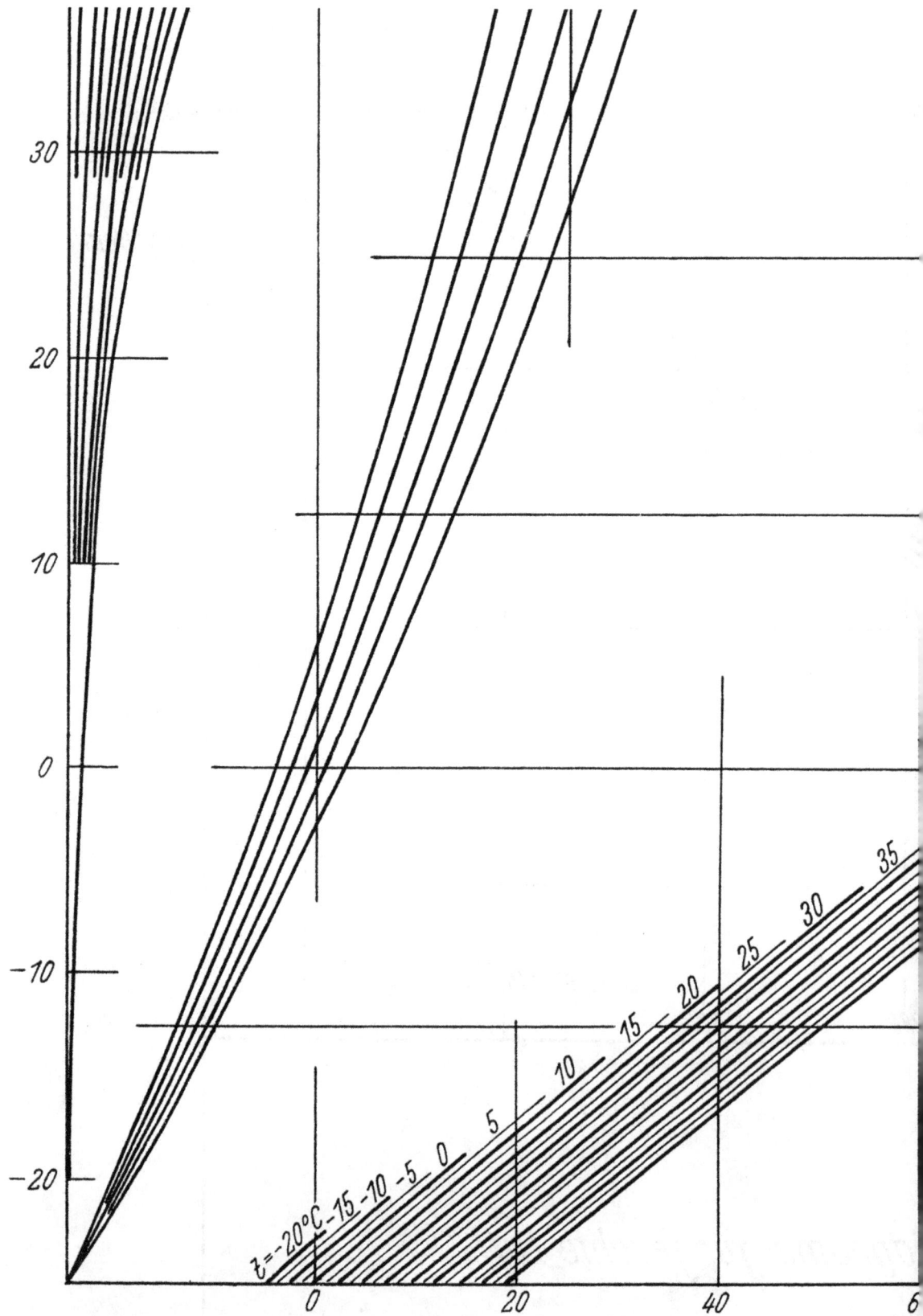

Wolff, Untersuchungen über die Wasserrückkühlung in künstlich belüfteten Kühlwerken

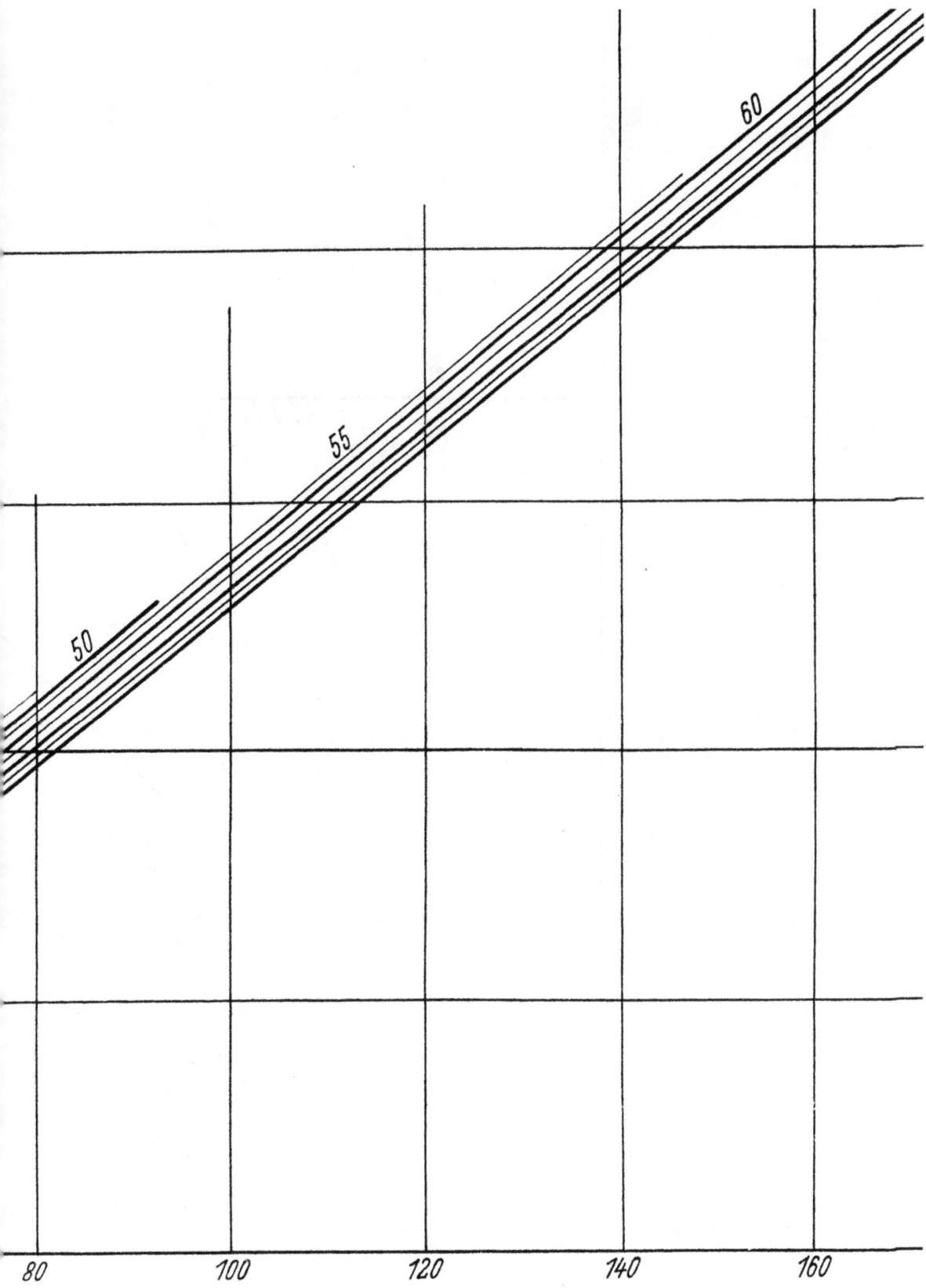

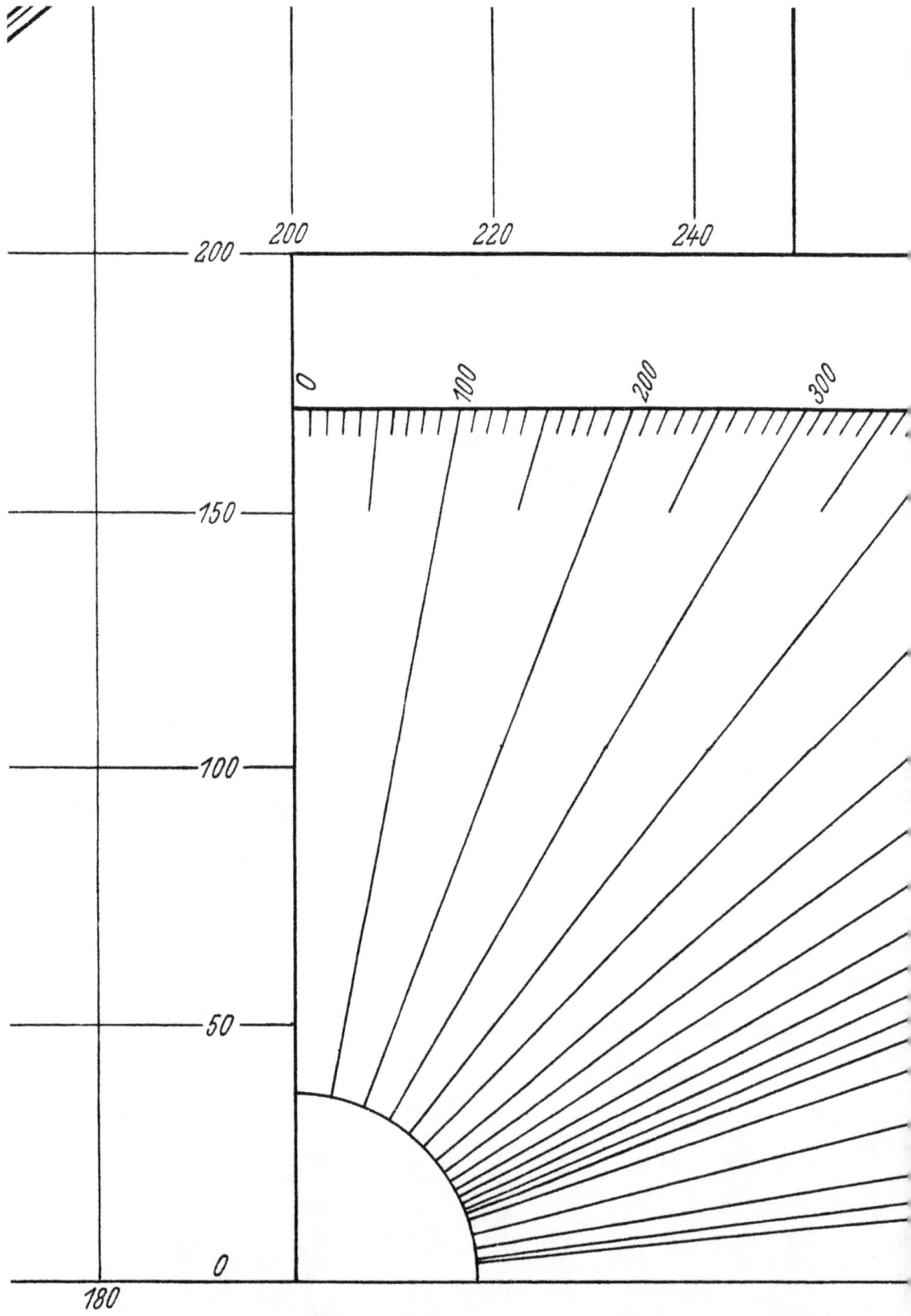

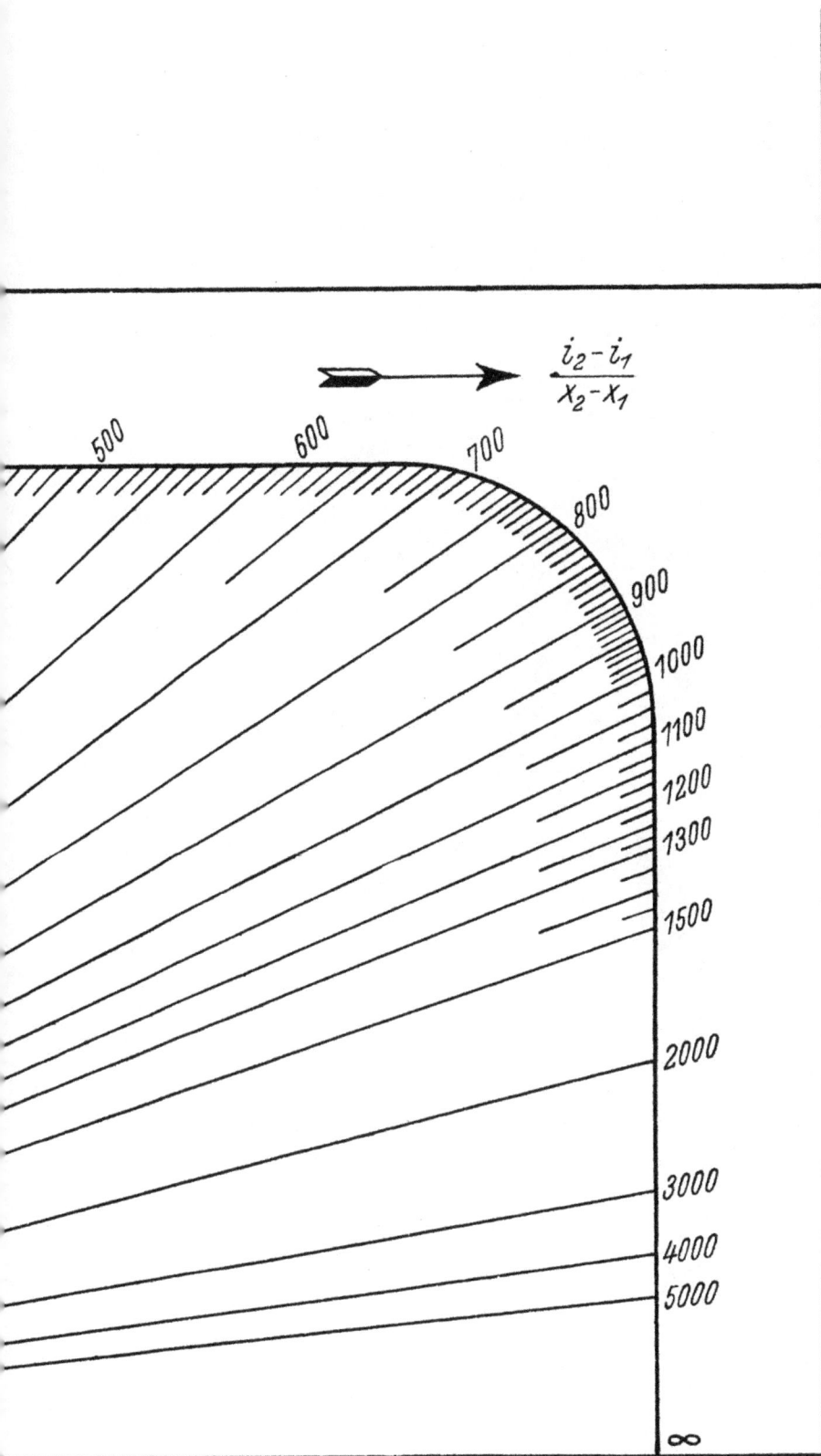

$$\frac{i_2 - i_1}{x_2 - x_1}$$

500　600　700　800　900　1000　1100　1200　1300　1500　2000　3000　4000　5000　∞

Verlag von R.Oldenbourg, München v. Berlin 1.

www.ingramcontent.com/pod-product-compliance
Lightning Source LLC
Chambersburg PA
CBHW081431190326
41458CB00020B/6165